普通高等教育工科类教学改革系列教材

柔性制造技术

主　编　沈向东
参　编　关　颖　沈　宁　赵宏立　王素艳
主　审　李　超

机械工业出版社

本书以企业订单生产方式为主线，介绍柔性制造技术的概念、原理、系统组成以及在企业制造过程中的应用。柔性制造技术以灵捷制造为核心，在继承和发展传统制造技术的同时，综合各种先进制造技术和生产组织技术，指导企业如何实现从传统的制造模式向灵捷制造模式转变。本书内容主要包括柔性制造工程基础、柔性制造系统、柔性加工工艺规程编制、柔性加工工艺系统工序能力、柔性制造单元、柔性装配线、机群式生产车间的柔性化改造和制造过程仿真。本书实用性强、编排合理、案例详实、文字精炼。

本书可作为普通高等教育工科类专业教材，也可作为各类企业培训和工程技术人员、生产现场主管及员工的参考用书。

本书配有电子课件，凡使用本书作为教材的教师可登录机械工业出版社教材服务网 www. cmpedu. com 注册后下载。咨询邮箱：cmpgaozhi@ sina. com。咨询电话：010-88379375。

图书在版编目（CIP）数据

柔性制造技术/沈向东主编．—北京：机械工业出版社，2013.2（2024.2 重印）
普通高等教育工科类教学改革系列教材
ISBN 978-7-111-41360-8

Ⅰ.①柔…　Ⅱ.①沈…　Ⅲ.①柔性制造系统－高等职业教育－教材
Ⅳ.①TH165

中国版本图书馆 CIP 数据核字（2013）第 020222 号

机械工业出版社（北京市百万庄大街 22 号　邮政编码 100037）
策划编辑：刘良超　责任编辑：刘良超
版式设计：霍永明　责任校对：纪　敬　陈立辉
封面设计：鞠　杨　责任印制：单爱军
北京中科印刷有限公司印刷
2024 年 2 月第 1 版第 9 次印刷
184mm×260mm · 10.25 印张 · 234 千字
标准书号：ISBN 978-7-111-41360-8
定价：27.00 元

电话服务	网络服务
客服电话：010-88361066	机 工 官 网：www. cmpbook. com
010-88379833	机 工 官 博：weibo. com/cmp1952
010-68326294	金 书 网：www. golden-book. com
封底无防伪标均为盗版	机工教育服务网：www. cmpedu. com

前　言

本书是根据普通高等教育工科类教学改革总体要求和面向机械制造业发展的需要而编写的。编者吸收了近年来高职教育教学改革经验，并到企业进行实地调研，参与工程实践，对传统先进制造技术教材的编写体系进行了较大的修改与创新，摒弃理论偏深、概念抽象的内容，将先进制造技术浓缩成一个具体、实际，便于应用的技术，这就是柔性制造技术。

柔性制造技术是指导现代制造企业适应市场个性化、多样化的需求，提高企业市场竞争力的一门实用技术。它以灵捷制造为核心，以市场为导向，在继承和发展传统制造技术的同时，综合应用成组技术、准时制技术、精益生产技术和计算机集成制造技术等先进技术，在多品种变批量生产条件下，指导企业实现从传统的制造模式向灵捷制造模式转变。柔性制造技术不仅是一门先进的制造技术，还是一门先进的生产组织技术。制造技术水平的提高，可使企业的产品增加更多附加价值，生产组织技术的灵活运用，可以优化企业的资源配置，提高制造过程的整体效率。简言之，柔性制造技术在本质上是技术与经济两者的完美统一。制造技术与生产组织技术的融合，让柔性制造技术根植于生产作业现场，整合与重组制造过程，合理进行资源的配置，在不增加投资的情况下，能使企业获得更多的收益。因此，柔性制造技术一经出现，就受到了各类企业的欢迎，现已成为企业提高核心竞争力的重要手段之一。

编者在编写本书的过程中，本着少而精的原则，偏重于生产实际，从不同侧面介绍柔性制造技术的概念、原理和应用。在内容上力求先进性、整体性和实用性的统一，并通过企业生产实例来介绍这门先进技术。

本书绪论、第1章、第2章、第6章、第7章由沈向东编写，第3章由关颖编写，第4章由王素艳编写、第5章由赵宏立编写，第8章由沈宁编写。全书由沈向东负责统稿。

本书由沈阳职业技术学院李超教授主审。本书在编写过程中，还得到东北大学宋伟刚，沈阳大学於春月，沈阳职业技术学院栾敏、胡玉辉，一汽轿车股份有限公司王家尧的指导和帮助，在此一并表示感谢。

由于编者水平有限，书中的错误和不妥之处在所难免，敬请批评指正。

编　者

目　录

绪　　论

柔性制造技术是指导现代制造业适应市场变化，实现订单式生产的一门实用的先进制造技术。我国制造业自改革开放以来，发生了巨大的变化。制造产业的聚集、众多制造企业进驻工业园区，从一个侧面体现了构建现代制造企业的基本框架模式。现代制造企业的厂区规划形式、车间布置与柔性制造系统的推广使用，体现了机械制造技术、计算机技术和高新技术的高度融合，从根本上改变了企业的面貌。

认识现代制造企业，有助于了解柔性制造技术与企业环境之间的关系及其在不同类型的制造企业中的应用。

1. 现代制造业的孵化区——工业园区

近年来，我国工业园区发展势头迅猛。园区良好的循环经济运营模式，吸引越来越多的制造企业进驻园区。企业通过购买和租赁园区中的一块区域建厂，并对厂区中的标准厂房进行合理布置，不但可使投资成本降低近半，而且可以很快地投产，获取经济效益。图 0-1 所示为某工业园区的鸟瞰图。

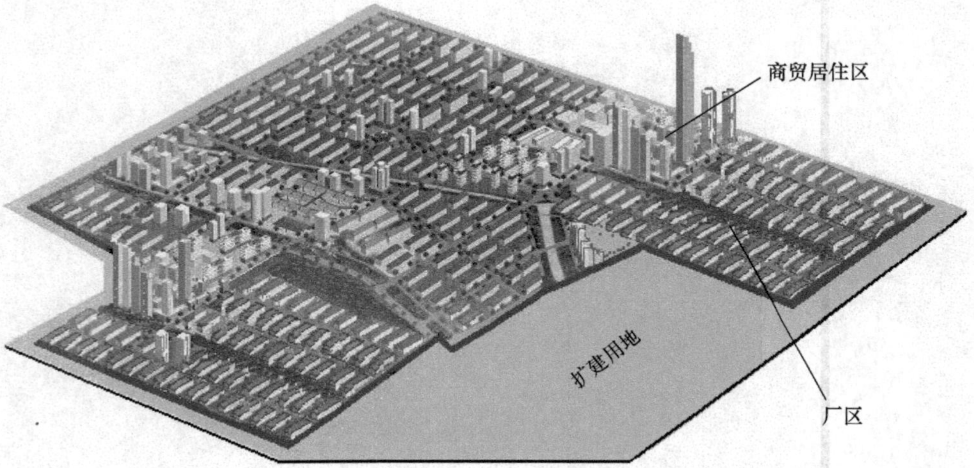

图 0-1 某工业园区鸟瞰图

工业园区是聚集若干工业企业的区域，开发面积大，拥有多个工厂以及各种公共设施，是包含有若干工业企业的相对独立的区域。世界上许多国家，包括美、英、德、日以及中国等国，为了促进经济发展和提高工业化水平，都相继建立了不同类型的工业园区。

由于我国各地区的经济发展、生产力水平、自然条件、地理环境等差异很大，国家通过产业政策和生产力布局规划，指导工业园区项目的布局和投资的空间投向，确定园区结构，即：

1）从层次上来说，工业园区分为国家级、省市级和区县（市）级三大类。国家级工业园区的特点是以工业项目为主导，是吸引外资、引入高新技术项目的重点区域，它主要集中在沿海经济发达地区；省市级工业园区是具有地区特色的工业园区；区县（市）级工业园区是具有地方特色的工业园区，规模相对较小。

2）从产业化集群角度来说，工业园区又可细分为单一产业园区、相关产业链一体化园区和综合性园区等多种形式。

我国的工业园区的类型很多，形式也多种多样，各具特色。表0-1为按工业园区的特征划分的工业园区类型。

表0-1　工业园区的类型

序　号	类　　型	特　　征
1	外向型	由海关“境内关外”封闭管理的特殊经济区域园区，一般设在沿海地区，如大连出口加工区等
2	科技型	依托高校、科研机构，面向科技成果转化的各类高新技术产业园区，如中关村科技园区等
3	招商引资型	各地为招商引资而开发的园区，如韩国工业园区、新加坡工业园区等
4	地方聚集型	通过政策和公共产品使用等优惠条件，吸引本地的企业通过置换方式聚集到园区中，如沈阳经济技术开发区等
5	产业化型	园区中仅有某一产业，如汽车工业园区、机械制造园区和食品加工园区等
6	城市化型	具有生产、流通、金融、科技、教育、人居和市政管理等工业化城市综合特征的园区，如上海浦东新区、天津滨海新区、郑州郑东新区和沈阳沈北新区等

2. 企业制造过程所需的设施与设备

（1）厂区　厂区是企业根据经营目标在已确定的空间上从事工业产品制造过程及其生产作业活动的范围。企业的一切活动，包括企业自身完善等活动，都离不开厂区。厂区按标准厂房的通用性和专业性划分，可分为通用性厂区和专业性厂区两大类。

通用性厂区按企业的生产类型划分可分为三种。图0-2所示为大型企业厂区，图0-3所示为中型企业厂区，图0-4所示为小型企业厂区。

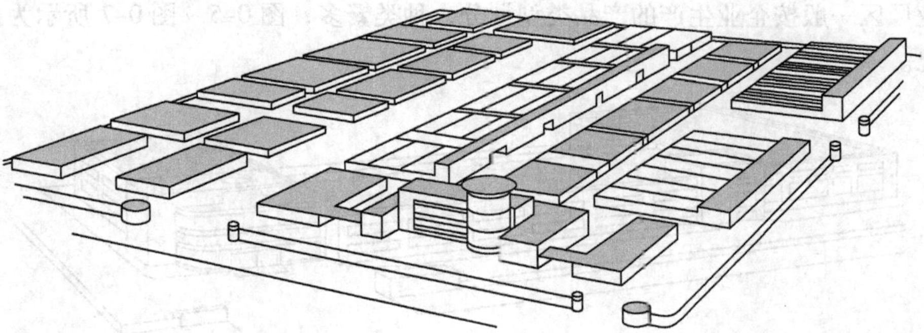

图0-2　大型企业厂区

近年来出现的特色园区一般以产业集群的模式出现，如汽车产业园区、医药产业园区和机械加工工业园区等。这样在一个工业园区中，同时存在同一产业或相关产业的众多企业，通过地理位置上的集中或靠近，往往可以更有效地产生创新，获得集群创新优势。产业集群

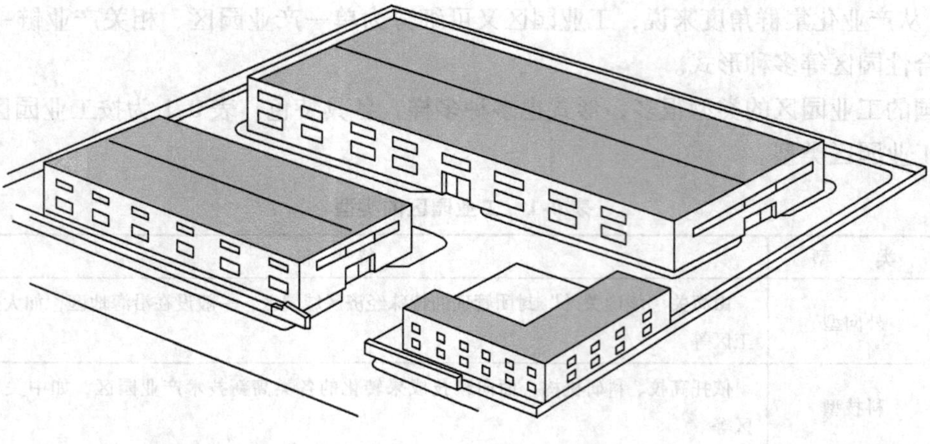

图 0-3　中型企业厂区

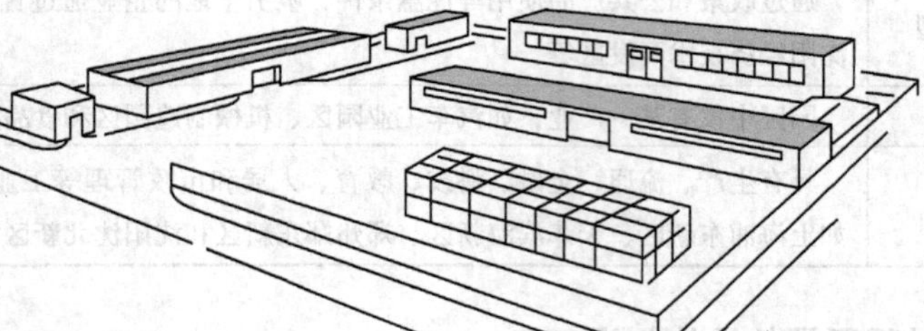

图 0-4　小型企业厂区

作为一种产业组织形式，有利于企业之间的深度分工，园区中的每一个企业都将集中全部资金和精力做好自己最有优势的产品，这就大大地提高了企业的竞争力。可见，工业园区的产业集群形成了专业厂区。

专业厂区一般按企业生产的产品类型划分，种类繁多，图 0-5 ~ 图 0-7 所示为部分专业厂区情况。

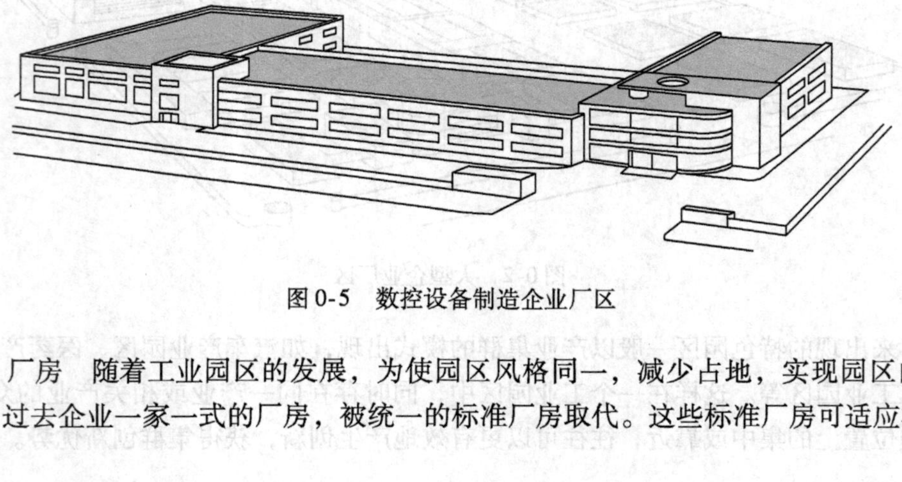

图 0-5　数控设备制造企业厂区

（2）厂房　随着工业园区的发展，为使园区风格同一，减少占地，实现园区的整体优化布局，过去企业一家一式的厂房，被统一的标准厂房取代。这些标准厂房可适应机械制造

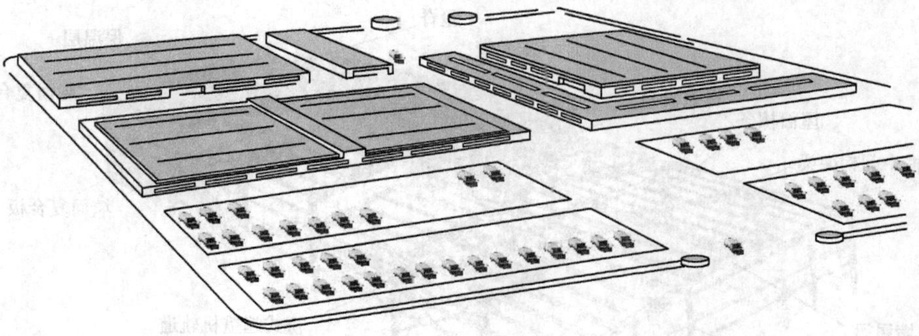

图 0-6 汽车制造企业厂区

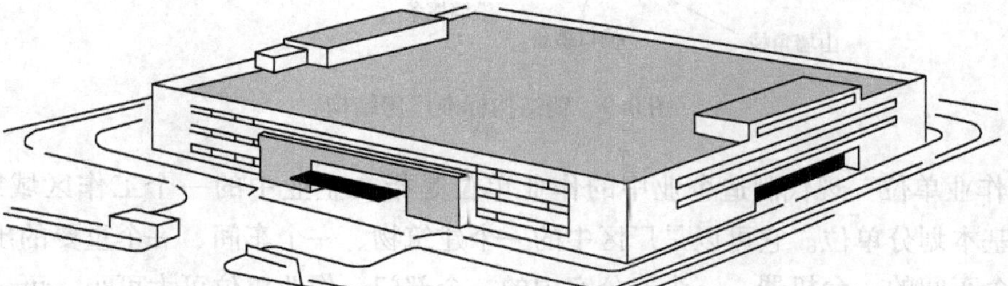

图 0-7 电子器件制造企业厂区

业、电子信息产业、光机电一体化产业、新材料产业等多层次、不同类别的企业需要。相对于过去单个工厂建造来说，标准厂房的出现，无疑可大大地降低建厂成本。

在工业园区的标准化厂房中，应用最多的是单层钢结构标准厂房。钢结构厂房具有总体轻、节省基础、用料少、造价低、施工周期短，跨度大，安全可靠，造型美观和结构稳定等优点，广泛应用于大跨度工业厂房、仓库、冷库和办公楼等。图 0-8 所示为钢结构标准厂房外形，图 0-9 所示为钢结构标准厂房结构。

图 0-8 钢结构标准厂房外形

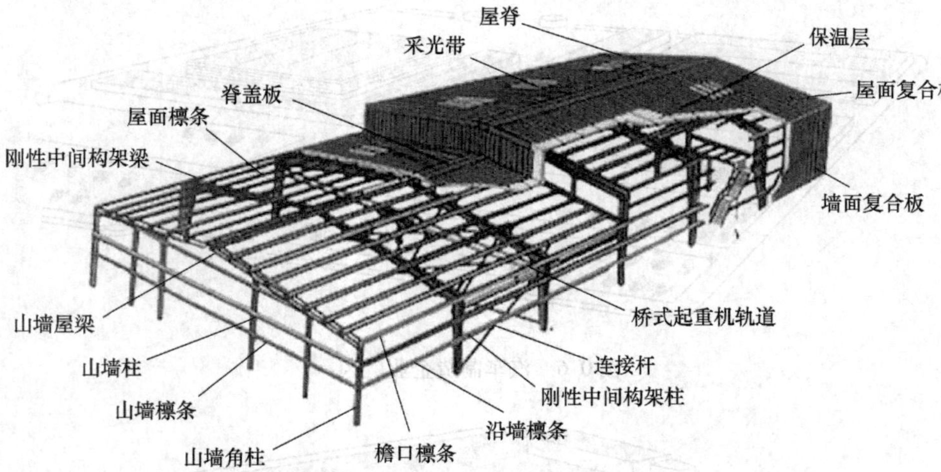

图 0-9 钢结构标准厂房结构

（3）作业单位 现代制造企业中的作业单位是指在企业中的一个工作区域或存在物，是企业的基本划分单位。它可以是厂区中的一个建筑物、一个车间、一个重要的出入口；也可以是一个车间的一台机器、一个办公室内的一个部门。作业单位可大可小，可分可合。究竟怎样划分，要看研究问题的层次和要求，其主要依据是企业的组织结构。

企业的组织结构是指企业内部分工协作的基本联系方式或框架，其功能就在于为分工协作提供一个基本框架。尽管分工协作的手段是多种多样的，但合理的组织结构是企业体现本身特色、实现整体最优的一种分工协作的方式。企业不同，采取的组织结构亦不同。

图 0-10 所示为直线制组织结构。这种组织结构设置简单，责权分明，便于统一指挥。作业单位按车间进行划分。由于过于集权，一旦企业规模扩大，难以有效管理，一般适用于小型企业或民营合伙制企业。

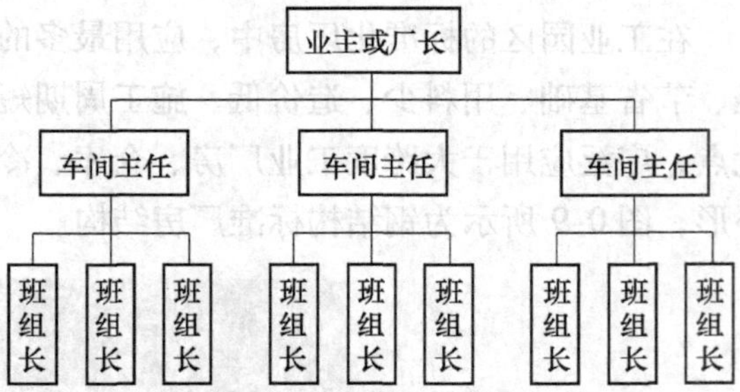

图 0-10 直线制组织结构

图 0-11 所示为职能制组织结构，其特点是：在各级主管的领导下，按专业分工设置相应的职能机构，这些机构在各自的业务范围内有权向下级下达命令，适应了现代生产技术比较复杂和分工较细的现场情况。适合于产品定型的中小型企业，其作业单位可按车间、科室进行划分。

图 0-12 所示为直线职能制组织结构。它吸收了上述两种组织形式的优点，把企业人员划分成两类：一类是直线制组织机构人员，另一类是职能制组织机构人员。每类组织机构内部，在自己的职责范围内，有一定的决策权，对属下有指挥和命令的权力，但两类人员之间不直接进行联系，而统一由上级主管决策指挥。直线职能制组织结构是典型的“集权式”组织结构，被世界各国普遍采用。我国大多数产品单一、工艺稳定的大中型企业都采用这种组织结构。作业单位的划分可以按车间级进行。

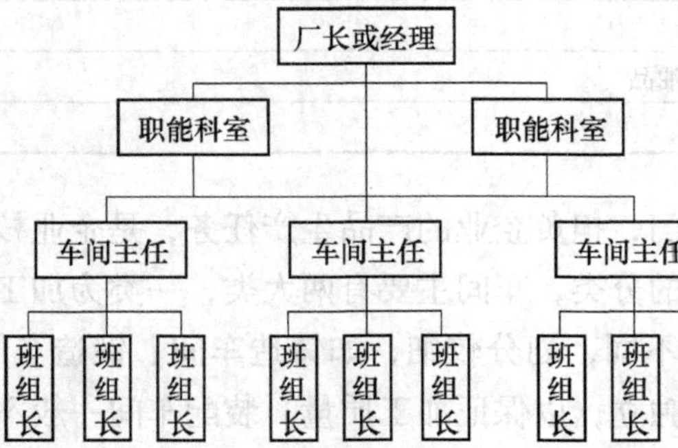

图 0-11 职能制组织结构

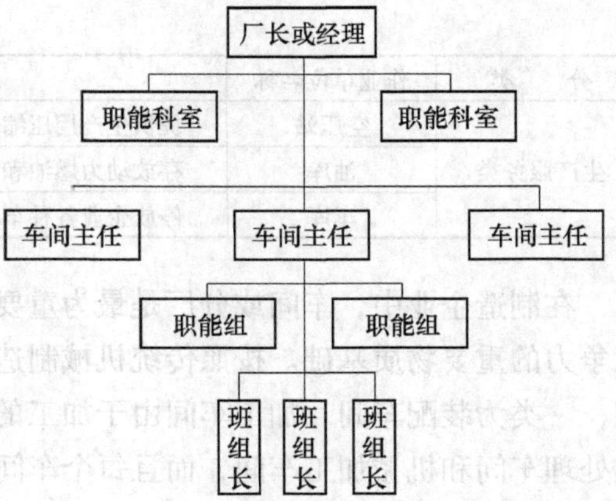

图 0-12 直线职能制组织结构

图 0-13 所示为事业部制组织结构。这种组织结构最早由美国通用汽车公司采用，是目前国外大型公司制企业普遍采用的一种组织形式。其主要特点是“集中政策、分散经营”，即在总公司的领导下，以事业部为单位实行分权管理。由于各事业部的组织结构可能不同，因此作业单位应按事业部的属下一级进行划分。

以图 0-12 所示的直线职能制组织结构为例进行作业单位的划分，可以将作业单位先划分成三大类。第一类是管理部门，统一称为办公部门；第二类为生产部门，统一称为车间；第三类为生产服务部门。划分结果见表 0-2。

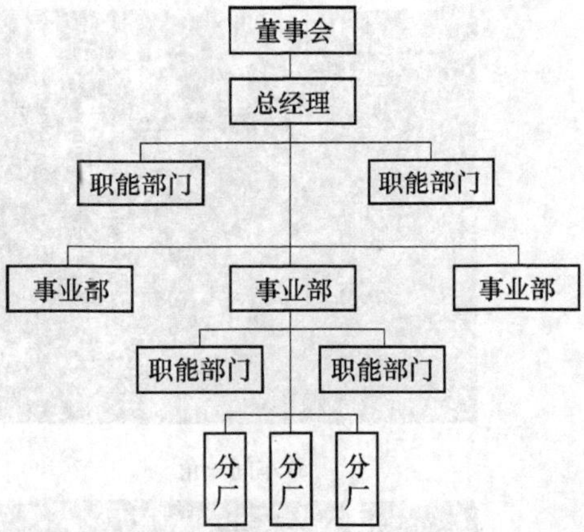

图 0-13 事业部制组织结构

表 0-2 机械制造企业作业单位划分举例

分 类	作业单位名称	功 能
管理类	办公部门	包括各种职能管理部门
生产类	铸造车间	为机械加工车间提供铸铁、铸铝或铸钢毛坯
	锻造车间	为机械加工车间提供各种锻制毛坯
	机加工车间	零件切削加工制造
	热处理车间	实现零件退火、正火、淬火、回火等热处理工艺
	焊接车间	通过焊接方式组成零件、部件或产品
	成形车间	利用模具、冲压设备实现零件的成形加工
	装配车间	将零部件组成半成品或成品
生产服务类	原材料仓库	存放各种原材料
	半成品仓库	存放各种外购件、在制件、标准件、备件和半成品
	成品仓库	存放成品、包装
	维修车间	负责企业设备的维护保养与维修
	变电所	提供生产用电力

（续）

分　类	作业单位名称	功　能
生产服务类	空压站	提供生产用压缩空气
	油库	存放动力燃油和油漆等油品
	车库	停放企业各种车辆

在制造企业中，车间或分厂是最为重要的部门，担负企业的产品生产任务，是企业核心竞争力的重要物质基础。按照传统机械制造企业的分类，车间主要有两大类，一类为加工车间，一类为装配车间。加工车间由于加工的性质不同，划分较细，如铸造车间、锻造车间、热处理车间和机械加工车间，而且每个车间彼此独立，以保证加工质量。装配车间一般不做更细的划分，除非有特殊要求，否则部件装配和总装可在一个车间中的不同区域布置。图 0-14 所示为一些典型车间示例。

a) 车间一角

b) 洁净车间

c) 机群式布置加工车间

d) 流水线加工车间

e) 手工流水线装配车间

f) 单站手工装配车间

图 0-14　典型车间示例

g) 部件装配车间

h) 总装车间

图 0-14　典型车间示例（续）

（4）机械制造设备

1）机械加工设备。机械加工设备的种类很多，有普通设备、专用设备和 CNC 数控机床以及加工中心 MC 等，目前 CNC 机床的应用越来越多，由 CNC 机床组成的柔性制造系统 FMS 和柔性制造单元 FMC 也越来越显现出强大的生命力。

2）机械装配设备。机械装配设备包括气动扳手、装配机器人、各种装配机和自动化装配线等。

3）生产物流设备。生产物流伴随生产过程始终，目前也越来越受到重视，常见的生产物流设备有装卸机器人、传送带、叉车及各种车辆和立体化仓库等。

图 0-15 所示为目前在现代制造企业中应用较多的、与柔性制造密切相关的设备。这些设备在后面的各章中要经常提到。

图 0-15　柔性制造过程中常用的设备示例

3. 教学方法建议

（1）柔性制造技术的本质　柔性制造技术是一门综合应用各学科相关知识，针对市场订单式生产方式指导制造过程的一门先进实用技术。它与企业产品制造的全过程相联系。其主要特点是：

1）柔性制造技术是集各类先进生产技术于现代制造工程中的实用技术。当前应用的先进制造技术很多，如 GT 成组技术、JIT 准时制生产技术、SPT 系统生产技术、LP 精益生产技术、CIM 计算机集成制造技术和 RM 可重组技术等。柔性制造技术将这些技术进行高度融合，汇聚于一身，针对企业的制造过程整合和企业的订单式生产实际，为企业提高产品质量，降低成本，提高生产率提供技术服务。

2）柔性制造技术的核心是灵捷制造。它是在借鉴与吸收精益生产方式和灵活生产组织经验，使技术与经济相统一的思想指导下，实现对难以预测的消费者需求和市场时机做出快速反应的一种全新的制造模式。这种制造模式特别适合于企业的订单式生产。应用这门技术，可以使企业面对市场复杂多变的形势，及时调整制造策略，保证订单式生产过程，按质、按量、按时完成制造任务。

可见，柔性制造技术不仅是一门制造技术，还是一门生产组织技术。先进的制造技术可使生产的产品增加更多的附加价值；先进的生产组织技术，可以优化企业的资源配置，提高制造过程的整体效率。简言之，柔性制造技术在本质上是技术与经济两者的完美统一。

（2）教学方法　对于这样一门实用性强的制造技术，在教学中应着眼于实用，重在理解技术的内涵与实质。实际上，制造柔性指的是制造系统适应市场变化的能力。企业如果有柔性制造系统或柔性制造单元，应用该技术，就可以很快形成与市场相适应的制造能力。

由于柔性制造技术是现代先进制造技术之一，可供参考的书籍和实例较少，因而增加了教学的难度。建议在使用本书进行教学时，基本的做法是：首先从市场入手，通过了解市场商品的个性化和多样性，看市场对企业在选择生产方式方面的影响；其次适当安排到企业现场参观，实际了解柔性制造技术在企业中的应用情况，看企业在应用该技术的过程中，获得了哪些效益以及还存在哪些问题。同时教学中还要注意把握容易出现误解的两点：

1）柔性化制造不完全等同于自动化。任何事物的应用与发展都是受到制约的。即使一个企业目前没有能力构建这样的柔性制造系统，使用的设备依然是传统设备，柔性制造技术依然适用。不能为了构建一个新系统，而把原系统全部废弃，可以对其进行柔性化改造。本书第 7 章“机群式生产车间的柔性化改造”对此做了阐述，以便于深刻理解“柔性制造”的意义。

2）柔性化制造增加了企业生产成本和资源浪费。众所周知，大批大量生产的高效率是其他生产类型无法比拟的。从制造角度，企业希望能一直保持这样的生产方式。因此，选择柔性制造模式是企业为适应市场而采取的不得已的行为。柔性化制造必然使企业经受来自于产品品种、批量和交货期变化和为适应市场变化而对生产现场进行改造这两个方面成本增加的压力。因此在学习柔性制造技术的同时，更深层次的目标在于如何降低这些成本，减少资源浪费，在适应市场变化的同时使企业获利。

第1章 柔性制造工程基础

制造业赖以生存和发展的关键是制造工程的发展。制造工程通过制造技术而应用于生产实践中。通常制造工程与制造技术是并用的，工程常用作某类专业技术的总称，如机械工程，实际应用中称其为机械制造技术。

本书以应用最广的机械制造为基础，探讨在现代制造工程中的机械制造新模式以及柔性制造技术在机械加工与装配过程中的应用。

1.1 制造及制造模式

1.1.1 制造的基本概念

1. 制造的定义

制造（Manufacturing 或 Manufacture）源于拉丁语，其原义是“用手工制作”，是指把原材料制成对人们有用的货物或产品的一种生产活动。

1983 年，国际生产工程学会（CIRP）把制造定义为：“包括制造企业的产品设计、材料选择、规划、制造生产、质量保证、管理和营销的一系列有内在联系的活动和运作（作业）。”这个定义使制造的概念与原义有了质的变化。我国从 20 世纪 80 年代开始，制造的领域逐渐扩大到了汽车、化工、家电、航空、钢铁、计算机、电子、纺织与服装等行业，形成了大制造概念。进入 20 世纪 90 年代，制造的含义更为广阔，不仅将有形的制造保留下来，而且把软件制造、服务和知识附加等不可触摸的部分融合进来，进一步扩大了制造的内涵。从发展的趋势看，未来的制造将不再单纯是可触摸的物质货物或产品的制造，而是可触摸的货物/产品同不可触摸的知识、软件和服务相结合的、可变组合的广义产品制造。

2. 制造业及其基本特征

制造业属于国民经济三大产业中的第二产业，它在国民经济中占有重要的地位。尤其是机械制造业，兼有基础产业和带头产业的双重特性。除了要为各行各业提供装备外，还肩负着为满足人民生活所必需的各种机电消费品的生产任务。由于各行业技术水平、经济效益的高低在很大程度上依赖于机械制造业给它们提供的装备，因此机械制造业的规模和水平是衡量一个国家经济实力和科技水平的重要标志。

制造作为人类物质资料生产的基本活动，已有数千年的历史。但是，无论是过去，还是未来，制造一直保持着以下基本而重要的特征：

1）制造为人类的生存和发展提供了基本的物质资料。这一趋势将随着全球经济一体化的加快、社会的进步与发展而不断地得到增强。

2）制造为国家创造了财富。据统计，制造业为发达国家创造了 60% ~80% 的社会财富。一个没有强大制造业的国家不可能是一个先进、富强的国家。先进的制造业是一个国家的支柱产业，是人民物质文化生活不断提高和综合国力与国防力量不断增强的保证。

3）制造是不断造福人类的保证。有了先进而强大制造业的国家，才可能成为一个富裕和繁荣的国家，才可以为国民提供可靠的安全保证。

随着经济全球化的发展、科学技术的进步，一个日益剧烈的竞争环境正在世界范围内形成。消费者对产品的个性化、多样化需求，迫使制造企业纷纷采用先进的制造技术以提高自身的核心竞争力。可见，发展先进制造是将我国建设成为强大的工业国，实现总体发展目标的基础。

3. 制造的目的

制造不仅通过对原材料的物理处理、加工，使之转换成比输入的原材料更为有用、价值更高的产品，而且还通过其他非物理的处理、嵌套，提高其有用性，附加更高的价值。因此，制造的目的就是创造更高的附加价值。过去，企业所说的制造，只是指可触摸的产品生产，所以，当面对可以同样生产这类产品的竞争对手时，往往采用压价竞争，这样不仅损害了企业自身的利益，而且直接损害了整个行业的利益，造成皆输的局面。事实上，不少先进的企业已经走出这个误区，寻找物理制造之外的其他提高附加价值的方法，并把它们与产品融合起来，以提升附加价值，创造更大的利润。随着科学、技术与商务活动的飞速发展，为制造提供更多的增加附加价值的手段中，最主要的是知识、软件和各种服务同物质产品的有机结合，这也是企业获取最佳增值的一个十分有效的方式。

1.1.2　制造与生产的联系与区别

生产是一个更广义的概念，泛指一切利用资源创造财富的过程。只要能创造新财富，都可以归入生产范畴，如农业、林业、牧业和渔业捕捞可以称为生产，矿山开采、金属冶炼也可以称为生产，第三产业的餐饮、商业、文艺、知识、教育、医疗、体育、交通、邮电和物流和计算机网络等，都可以称为生产。当然制造产品和服务也包括在生产中。由此可知，生产中包含了制造，而制造只是实现将原材料转换成产品设计、产品生产和销售服务这样一种特殊过程的生产活动。

1.1.3　制造模式及其转变

制造模式

所谓制造模式是一个历史进程的概念。制造作为一种社会化大生产活动，随着生产力发展和社会、经济和市场条件的变化，在不同时期有不同的生产方式。同时代中各种生产方式并存，其中有一个最具代表性的社会化生产方式，我们把它称为当时社会的制造模式。各种模式在不同的时代都曾经发挥过巨大的作用。而且随着时代的向前发展，新的模式也在产生。归纳起来，主要有以下四种模式：

（1）机械模式（MM，Mechanical Model）　它是 20 世纪初到 60 年代主要的生产模式，即采用机械自动化大量生产的生产模式。其优点是：采用刚性生产线流水作业，能紧密结合生产对象的加工要求配置专用设备和工装，专业化程度高，生产效率高，具有较好的规模效益。但这种生产模式也有其不足，主要是对产品品种变换的适应能力极差，而且在这种生产模式下，人被看成是企业这部机器上的一个零件，不承认每个员工的个人目标，不允许个体行为，因此不利于员工的创造性与主动性的发挥。

（2）生物模式（BM，Biological Model）　这种模式是针对机械模式而对立产生的一种生产模式，于 1970 年产生于美国。它主张实行目标管理，即承包制。其主要观点是：只提出应该达到的目标和要求，至于如何达到目标，是参与项目的个体或小组自己的事。上级主管只管形成与下达指令，提供必要的资源条件和保证，明确达到的目标和验收结果，而对完成任务的途径和方法，授权给小组或个人实施。可见，这种模式把机械模式下的集中决策变成授权的群体决策与集中决策相结合的决策，有助于发挥项目小组或个人的积极性、主动性和创造性。但是，这种模式不关心人与人、部门与部门的交互作用，因此，在这种模式下缺乏系统的管理，在横向上使群体之间的协调难度加大，每个项目的个体的作用发挥也受到了限制，特别是对多变的需求难以实现快速协调和反应。

（3）社会模式（SM，Social Model） 这种模式主张从“灵捷制造”观点出发，强调在制造企业中，重视人与人、部门与部门之间的交互作用，对它们实行集成系统管理，使企业形成“系统总体大于部分之和”的“相乘效果”。其核心是在发挥员工潜在能力的同时，强化目标方针的管理。在正确定义市场、选择制造模式和动态系统集成等概念的基础上，提出市场引导企业的战略规划，改进制造方法与工艺方案，按订单生产要求，适时调整制造能力，从而大大提高企业在多变市场竞争中的快速反应能力。

（4）科学-社会模式（SSM，Scientific and Social Model） 它是基于“自然科学-社会科学一体化”的一种和谐时代的开放式模式，也是充分利用知识、信息及自然科学-社会科学的最新成果，尊重人，发挥人的作用，实现小组群体/工段/集团的自组织、动态、快速响应的一种最高层次的制造模式。

随着全球经济一体化进程的加快和我国加入 WTO 后面临的市场变化形势，客观上必然要求企业进行制造模式的转换，目前的重点是实现向社会模式转换。各种制造模式及其特征见表 1-1。

表 1-1 制造模式及其特征

模式 / 特征	机械模式/MP①	生物模式/JIT 与 LP②	社会模式/AM	科学-社会模式/AM & VM③
	1960 年前	1970～1980 年	1990 年至今	2020 年后
目标	员工无目标	一个目标	多目标	动态多目标
测量	测量输入（成本）	测量输出（结果）	系统测量	动态系统测量
协调	不能协调	群体外较差	相乘效果	动态小组
市场	适应能力差	响应速度慢	响应速度快	动态适应各种突变
竞争力	弱	中	强	最强
科学化	作业、方法	优化	社会化	科学-社会一体化
对象	车间与人员	一个企业	企业与社会	企业、社会与全球化
侧重点	单一方法、集中决策	多种方法，群决策与集中决策相结合	目标确立与方法、集中决策与分散决策相结合	目标、战略、竞争-合作，人因工程与方法，动态的集中与分散决策相结合

① MP 指大量生产。

② JIT 指准时制生产，LP 指精益生产。

③ AM & VM 指灵捷与虚拟制造。

1.2 现代制造业面临的问题及生产方式的转变

1.2.1 现代制造业面临的问题

1. 世界制造业面临的三个难题

1）现有的产品饱和，制造生产能力大量闲置，产品供过于求。

2）“工业空洞”推动发达国家将中低技术产品和基础产业向发展中国家转移。世界正在进行制造产业结构的战略性大调整。

3）资源的滥用已经引发人类赖以生存的资源、能源和环境危机。资源的贫困化和污染加剧，形成了人类生存与发展的重大课题。

2. 市场的五种变化

目前的市场是一个买方市场，时代的发展促进了市场需求的变化。纵观国际国内的市场，主要有五种变化：

1）顾客对产品的个性化需求急剧增加，呈现出多样性的特征。

2）每一种产品的产量大幅减少。统计资料显示：大批大量的生产仅占10%左右，绝大多数的生产为单件或中小批生产。

3）产品的生命周期越来越短。如美国福特汽车公司从1910年到1930年连续地生产一种型号的汽车（T型车）达1500万辆；我国的老型解放牌汽车，从1956年开始生产，一直到1986年停产，连续生产了30年。但现在我们再也看不到有哪一种产品能具有如此之长的生命周期。

4）交货期已经成为制约企业的一个瓶颈，要求企业快速反应。

5）市场竞争的程度越演越烈，而且具有国际化的趋势。这些变化无疑给企业的制造活动增加了很大的困难，多品种中小变批量的生产特征，使传统制造企业的生产效率低、成本高的矛盾突显，遭遇巨大挑战。

1.2.2 生产方式的转变

综上所述，市场的五种变化必将导致制造业的深刻革命。原有的大批大量生产方式，尽管具有成本低、生产率高的优点，但已经不再是主流的生产类型，取而代之的是多品种中小变批量的生产方式。这种生产方式是适应现代和未来顾客市场的多变性与快速变化的有效的生产方式，是适应越来越短的产品生命周期的主要生产类型。但这种生产方式的如下特征，对采用传统生产方式的企业将造成沉重打击。

1）生产的品种多，经常交替变动，批量和交货期又是变数，呈现多样性特征。

2）加工工艺流程的多变性使制造系统的物流、信息流、成本流和误差流呈现较大的变化。

3）对制造系统的生产能力、适应性和柔性要求高。

4）品种、工艺、交货期和批量的变化，使生产组织、管理、计划和调度对变化的快速适应和快速实施难度增大。

5）这种生产常常出现紧急任务，要求供应链上的各环节快速反应。

由于这些特征的存在，处理不好，多品种中小批量条件下的生产效率会很低、成本也会大幅增加。而市场形势又迫使企业不得不进行多品种中小批量的生产，以适应市场的需求。因此不及早解决这个矛盾，将影响到企业的生存与发展。

综上所述，传统的制造业面临着工业革命以来最深刻、最广泛的世界性战略转变，需要进行彻底的结构调整与变革。

1.3 现代制造模式——灵捷制造

1.3.1 灵捷制造战略产生的背景

在20世纪初，美国创立了基于机械自动化的大量生产模式，这种模式后来遍布欧洲。第二次世界大战后，日本认真学习和应用了这种生产模式，并加以改进。制造模式也随之发生了改变，导致生物模式的出现，如著名的丰田生产方式/准时制（JIT）生产、质量功能展开（QFD）、质量工程等，对大量生产模式进行了适时的革新和改进，注意调动员工的积极性和主动性，造就了日本经济的腾飞，使之一跃而成为世界第二经济大国。世界制造业市场的竞争从20世纪60年代以前的以单件成本最低为目标的数量竞争时代，转变为70～80年代的以质量为目标的质量竞争时代，日本在多方面击败美国企业。到了1987年，美国经济严重滑坡，其进出口贸易赤字高达1610亿美元。为扭转危机，美国麻省理工学院（MIT）工业生产率委员会提出振兴制造业、重振国家经济的对策，提出了“用强大竞争力去创立先进制造业及其产品，夺回生产优势”的口号。同期，美国李海大学与通用汽车公司（GM）共同研究，又提出了振兴和发展美国制造业的新战略——灵捷制造（AM Agile Manufacturing）。由于灵捷制造战略是对美国制造业实践进行了系统分析后，在总结了制造业竞争失利基础上，创新提出的战胜危机的战略，并且在后来的制造企业的实践中得到了证实，因而受到了政府、工业界、工程界和学术界的重视。

从20世纪90年代的实践看，这一战略是成功的。今天，不仅美国经济的发展同这一战略创新分不开，而且各国的实践也充分地证明：灵捷制造战略并非仅仅是美国为摆脱一时的经济困境而提出的权宜之计，它是制造业划时代的标志，正在引领全世界的制造业从传统的制造生产方式向21世纪先进制造技术和方法进行转变。

1.3.2 灵捷制造战略的核心

1. 制造模式转变

通过转变观念、组织和管理的革新，推广应用先进制造技术，完成从传统的制造模式向21世纪先进制造技术和方法的转变，即“从大量生产方式向多品种变批量的灵捷生产方式转变”。

2. 提高对市场的快速反应能力

利用新研究和开发的先进制造技术与方法，以社会环境为支撑，在建立一个全新的制造业、创新的产品、动态的制造系统和装备的基础上，实现对顾客与用户需求作出灵捷快速反应的、市场竞争力强的高效组织活动，夺取市场竞争的胜利。其内容可以细分为：

1）分布式企业有时限的动态网络集成。

2）动态公司的常规组织机构和成员间合作关系的建立。

3）高柔性、自动化制造。

4）实现快速生产。

5）优化人力、物力资源。

6）把社会关注的问题列入公司议事日程。

7）及时的信息。

8）分布式智能网络结构。

9）建立在协同效应、集成与分散效应和智能效应基础上的灵捷组织机构和社会技术机制。

1.3.3 实施灵捷制造的基本思路

实施灵捷制造的三大支柱是：管理和组织机构整合、柔性制造技术应用和掌握熟练技艺、有知识和创新能力的员工培养。因此，实施灵捷制造的基本思路可以归纳为：

1）以竞争力和信誉度为依据，选择合作伙伴组成动态公司。

2）知识、技术和信息是灵捷制造组织最重要的财富，把人与信息投入底层生产线。

3）基于合作需要的伙伴间信任、分工与协作，为同一目标而努力，形成更为强大的竞争力。

4）以满足用户和顾客要求的程度作为产品和服务质量评定的标准和获取报酬的依据。

5）在现阶段，建立强大的柔性制造系统条件业已成熟，推广使用柔性制造单元 FMC 和柔性装配线是一种投资少、见效快和适应能力强的最佳制造方法。本书将对这一方法进行详细介绍。

此外，在理清思路的同时，还要说明两点。其一，灵捷制造战略中的“多品种变批量生产”的含义与20世纪50年代提出的单件小批生产是不能等同的。前者在于顾客/市场的多样性，迫使具有大量生产能力的企业，不得不采取这种生产方式；而后者是因生产能力不足，而只能在小规模的范围内进行生产。其二，灵捷制造并不排斥大批大量生产。事实上，灵捷制造只是反对不顾市场变化而继续进行的以大批大量生产为主导的生产模式，取而代之的是把大量生产所体现出的低成本、高质量和高生产率的特点，包容在多品种变批量的生产中，并加以利用。目前许多汽车制造企业已表现出了以 CNC 加工中心和专用机床改变汽车生产线“柔性”的强劲趋势，正说明，大批大量生产方式是不会消亡的。消亡的只是旧观念、旧技术和旧方法。灵捷制造只承认需求在企业中表现出的由市场导向引起的批量变化，并不是刻意宣扬“单件小批”生产，而抑制大量生产。

诚然，从制造角度看，大量生产是最为经济的生产模式，但随着经济的快速增长和顾客经济可承受能力的提高，人们不仅有对产品的使用需求，而且对产品款式、花色、品牌、包装等，都提出了个性化的需求。随着这种个性化趋势越来越明显地向前推进，造成了制造业与市场需求之间“两难”的局面。从本质上讲，一方面多品种变批量生产虽然可以满足多变的市场需求，但它导致资源的浪费，激发了对环境的破坏作用；另一方面企业必须以市场为中心和导向，适应这种需求多样化的趋势，尽管效率不高，但不进行多品种变批量的生产就会失去市场。遵循传统的大量生产或单件小批生产方式，都无法解决好这一难题。

1.3.4 实施灵捷战略企业的特征

1. 组织机构特征

1）根据订货的需求，建立相应的组织机构与动态公司，开展企业内外部的动态合作。

2）经过培训、考核和授权的多功能的交叉小组和群体/工段/集团组织方式，建立高度协同工作的责权利相统一的自治/自组织形式。

3）建立扁平式的层次网络管理组织。

4）能够适应未来市场变化，企业是一个学习型的组织。

2. 人员特征

1）尊重员工，管理人员与员工之间是协同合作关系。

2）员工是具有多种专业技能、有知识和实干能力的多面手。

3）员工受到良好企业文化环境熏陶，有良好的信誉度、主动精神和合作沟通能力。

4）随着企业发展的要求，员工自愿接受定期培训，终身进行有形或无形知识教育。

5）员工守纪律、争一流、勤奋向上。

3. 柔性制造特征

1）企业可以根据需要，基于可重组性，快速实现制造系统的重组和集成。

2）产品设计与开发必须一次成功，快速上市，并力图使用户和潜在用户完全满意。

3）产品质量是可维护的。

4）应用虚拟制造仿真技术实现快速生产准备，具有可以实现快速重组的制造装备与工具系统。

5）具有支持网络——企业网络（Intranet）和网间网络（Internet）支撑。

4. 企业业务特征

20 世纪 80 年代，实施灵捷制造的先进企业把“TQCS——使顾客完全满意”作为自己的业务目标，并从信念、目标和精神三个方面加以落实。

所谓 TQCS 是指超越顾客的期望，适应顾客需求变化，利用需求变化和改变（引导）需求变化，使企业成为市场竞争的赢家。主张以人为中心，摒弃“产品与服务质量好、售价低”的片面观念，实现供货时间（T）、品质与性能质量（Q）、售价（C）、服务（S）和对环境影响（E）的综合优化。

实施 TQCS，首要的是要自上而下地转变传统观念，建立基于 TQCS 的企业文化；其次是把 TQCS 真正落实到每个员工和每项活动中，量化到人，把 TQCS 作为员工工作业绩评定的最终标准。

1.4 制造系统的类型

1.4.1 制造系统的含义

制造系统（MS，Manufacturing System）是早在 1815 年就开始使用的术语。1990 年国际生产工程学会（CIRP）对其定义为：制造系统是制造业中形成制造生产的有机整体。在机电工程产业中，制造系统具有设计、生产、配送和销售的一体化功能，图 1-1 所示为制造流程，体现在以下两个方面：

（1）系统组成结构　制造系统是由生产设施（机床和工艺装备）、物料传送装置、工人和其他附属装置所组成的统一集合体。这个系统在生产信息、知识、技术、方法和软件的支持下，完成生产对象（物料）向产品的转换而创造效用，以满足顾客和市场的需求。制造系统的硬件结构形成工厂的空间结构布置。

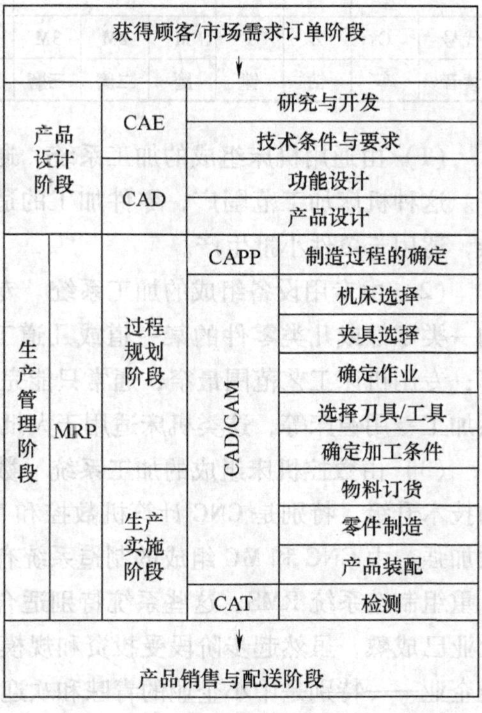

图 1-1　制造流程

（2）系统转换功能　制造系统是一个制造过程系统。在这个过程中，始终伴随着五个流，即：

1）物料流。物料的运动过程称为物料流，它包括一系列的过程，如采购、生产、分配、库存、搬运、运输和销售等。

2）信息流。信息流指的是生产组织与管理、生产计划与控制、物料转换技术/方法/程序、过程与产品评价等所需的各种信息或知识的传递与变换过程。它表征了制造系统内部和同环境交互图作用的信息采集、处理、特征提取与识别特性。在知识经济时代，信息流备受重视，网络化成为必然趋势。

3）能量流。制造系统同外界的能量输入与输出交换及系统内能量的转换和传递过程称为能量流。它是实现转换的原动力。

4）成本流。制造过程的成本流是一个经济学的概念。资金在不断消耗和创造附加价值的过程称为成本流。成本流覆盖了规划、设计、制造、检测/检验、过程控制、包装、库存、销售和运输分配一系列过程。对成本流及其优化、控制，是当代企业运行中极为重要的项目。

5）误差流。误差流又称为制造误差流或加工误差流，指的是从原材料到最终产品各种误差的传递与变换过程。近年来，企业开始从误差流的角度研究和实施对制造系统的硬/软件的变动性，进行监视、控制、规划和设计。

1.4.2　制造系统的类型

1. 加工系统

加工系统离不开机床。根据我国制订的机床型号编制方法（GB/T 15375—2008）对机床的型谱划分规定，将金属切削机床分为 11 个大类，见表 1-2。由此可划分出加工系统的类型。

表 1-2 金属切削机床类型及代号

类别	车床	钻床	镗床	磨床			齿轮加工机床	螺纹加工机床	铣床	刨插床	拉床	锯床	其他机床
代号	C	Z	T	M	2M	3M	Y	S	X	B	L	G	Q
读音	车	钻	镗	磨	二磨	三磨	牙	丝	铣	刨	拉	割	其

（1）由通用机床组成的加工系统　通用机床可用于加工多种零件的不同工序，通用性好。这种机床加工范围广，零件加工的适应能力强，柔性大，品种、规格繁多。但结构复杂，适用于单件小批生产。

（2）由专用设备组成的加工系统　专门化机床组成的制造系统主要用于加工尺寸不同的一类零件或几类零件的某一道或几道工序，其工艺范围较窄，如曲轴车床、花键轴铣床等；专用机床工艺范围最窄，通常只能完成某一特定零件的特定工序，如汽车发动机箱体孔系加工专用镗床等，这类机床适用于大批大量生产，机床的柔性差。

（3）由数控机床组成的加工系统　数控机床的出现和应用，使机床实现了真正意义上的技术升级，特别是 CNC 计算机数控和 MC 加工中心的出现，使制造系统的柔性得到了大大加强。由 CNC 和 MC 组成的制造系统有柔性制造系统 FMS、计算机集成制造系统 CIMS 和可重组制造系统 RMS。这些系统特别适合于灵捷制造战略的要求。目前的推广使用在技术上业已成熟，虽然起步阶段受投资和规模的限制，在目前的发展中以柔性制造单元 FMC 最受企业——特别是中小企业的青睐和欢迎。为适应市场、提高企业的快速反应能力，将来的制造系统也必须沿着这条道路向前发展。

2. 装配系统

（1）手工装配系统　手工装配系统大量存在于生产中，属于劳动密集型生产方式。装配系统可以是单站的，也可以是由多个站组成的装配线。手工装配的优点是完成装配作业的人员是经过专门训练的熟练工人，可以又快又好地完成装配任务。缺点是工人的劳动强度大，装配质量和效率完全取决于工人的职业素质和技术水平。

（2）刚性装配线　刚性（固定）装配线是指按工艺流程不变的顺序布置人员、设施与自动装配机的自动线。其特征是：高投资、高生产率，但无适应品种变化的能力，适于单一或少品种的大批大量生产。典型的刚性装配线为机械式传送线。

（3）柔性装配线　柔性装配线是指在成组技术和计算机技术基础上发展起来的“可变任务”装配线。这种装配线可以在原有系统的基础上进行重组，很快就可以适应新产品的装配需要，适合多品种变批量的生产。

可见，采用柔性制造系统，对于提高制造系统的快速反应能力十分有益，因此在应用灵捷制造战略时，首选的制造系统即为柔性制造系统。

需要特别指出的是，灵捷制造战略本身的目标强调的是较低的成本和快速反应速度，只要与此相适应的制造系统均可作为灵捷制造系统。因此不能单纯强调自动化，而丢弃传统的制造系统。在灵捷制造系统中，不仅有先进的制造系统，也应包含经过现代化改装和经过技术改进的传统制造系统。可以这样说，灵捷制造系统是在继承传统制造系统优点的基础之上，为适应市场变化而创新发展起来的一种新型的制造系统。

1.5 制造系统技术经济指标

制造系统的技术经济指标可分为通用指标和自动线专用指标两类，下面分别叙述。

1.5.1 通用指标

1. 制造时间（MLT，Manufacturing Lead Time）

制造时间指的是一批同种产品或零件完成制造所需的总时间，其数学模型为

$$MLT = \sum_{i=1}^{n_m}(T_{sui} + Q \cdot T_{oi} + T_{noi}) \tag{1-1}$$

式中 n_m——该件必需的加工工序总数；

T_{sui}——第 i 道工序加工每批件所需安装夹紧工件、夹具和刀具的时间；

T_{oi}——第 i 道工序单件工序时间；

T_{noi}——与第 i 道工序相关的平均非作业时间；

Q——批量。

若各工序具有相同的 T_{sui}、T_{oi}、T_{noi} 时，上式可简化为

$$MLT = n_m(T_{su} + Q \cdot T_o + T_{no}) \tag{1-2}$$

单件生产时，$Q=1$，则公式为

$$MLT = n_m(T_{su} + T_o + T_{no}) \tag{1-3}$$

流水生产时

$$MLT = n_m(T_t + T_{omax}) \tag{1-4}$$

式中 T_t——产品或零件从一个工序到下一个工序的传送时间；

T_{omax}——n_m 个工序中最长的工序时间；

$T_t + T_{omax}$——流水生产的循环时间，或称为节拍。

例 1-1 某厂生产一种零件，投产批量为 50 件，需 8 个工序才能完成加工，每个工序的平均工作时间为 6min，每批加工平均安装时间为 3h，平均每批每工序非工序时间为 7h，若该厂实行一班工作制，8h/班，试求该批零件的生产时间和完成所需天数。

已知：$Q=50$ 件，$n_m=8$，$T_o=6\text{min}$，$T_{su}=3\text{h}$，$T_{no}=7\text{h}$，一班制，8h/班。

解：

$$MLT = n_m(T_{su} + Q \cdot T_o + T_{no}) = [8 \times (3 + 50 \times 6/60 + 7]\text{h} = 120\text{h}$$

该批零件的生产时间为 120h，即需要 15 天。

2. 平均生产时间 T_p、生产率 R_p 与工序时间 T_o

由式（1-1）可知，平均生产时间为均分到各工序的安装时间与单件工序时间的平均值，即

$$T_p = (T_{su} + Q \cdot T_o)/Q \tag{1-5}$$

平均生产时间的倒数为生产率 R_p，即

$$R_p = 1/T_p \tag{1-6}$$

工序时间 T_o 由单件装卸时间 T_h、每件实际加工时间 T_m 和每件平均换刀时间 T_{ih} 组成，即

$$T_o = T_h + T_m + T_{ih} \tag{1-7}$$

3. 制造能力 PC 和要求率 D_w

制造能力 PC 是指在给定的制造加工条件下，一个工厂或生产单位可能的最大产出率。其计算式为

$$PC = W \cdot S_w \cdot H \cdot R_p / n_m \tag{1-8}$$

式中 W——加工同一产品/零件的设备或工作站数；

S_w——每周或每月工作的班数；

H——每台设备/工作站的班工时。

要求率 D_w 是指由生产计划指定的计划期内的产量所决定的资源配给量，即实际制造能力。因此，要求率与制造能力之间的关系为：

$$D_w \leqslant PC \tag{1-9}$$

对于给定的要求率，一般计算时取与制造能力相等，并可以根据式（1-8）采用以下三种方式来调整制造能力。

1）增大 W，启用闲置/备用设备，招收/调入新操作者或增添新设备与新员工，反之减少 W。

2）改变 H，按需要加班。

3）改变 S_w，增加或减少每周或每月的工作班次。

4. 利用率 U

由于在制造能力 PC 中，没有考虑制造过程的瓶颈影响、故障因素和资源供应不及时而待料等情况，为此，定义生产输出 O 与制造能力 PC 之比为利用率 U，即

$$U = O/PC \tag{1-10}$$

例 1-2 在利用全部制造条件下，机床工作时间为 65h/周，生产率平均为 20 件/h，在一周内，该机床生产了 1000 件成品，过程中有空闲等待时间。求：

1）该机床的制造能力。

2）计算该机床的利用率。

已知：$W=1$，$S_w \cdot H = 65$，$T_p = 20$，$O = 1000$。

解：

$$PC = [(1 \times 65 \times 20)/1] \text{件/周} = 1300 \text{件/周}$$

$$U = O/PC = 1000/1300 = 76.92\%$$

5. 工作效率 η

通常，用工作效率 η 表征制造过程或设备的可靠性，即

$$\eta = (MTBF - MTTR)/MTBF \tag{1-11}$$

式中 $MTBF$——两次故障停机间的平均工作时间；

MTTR——平均故障修理时间。

6. 制造过程件 *WIP*

制造过程件又称为在制件，其含义是正在加工/处理/装配或滞留在两个工序（设备）间的制件数量，可用下式计算：

$$WIP = (PC \cdot U \cdot MLT) / (S_w \cdot H) \tag{1-12}$$

1.5.2　自动线专用指标

在大批大量生产的条件下，生产的组织方式主要采用流水线的形式。所谓流水生产是指生产对象按照一定的工艺路线顺序地通过各个工作站，并按照统一的生产速度（节拍），完成工艺作业的连续、重复的制造过程。这种生产方式具有如下特点：

1）流水线上固定生产一种或几种制品，每个工作站固定完成一道或几道工序，制造过程实行很细的专业化分工。

2）工艺过程封闭，在流水线上可以完成生产对象的全部或大部分工序。

3）组成流水线的各个工作站（设备）沿工艺过程顺序排列，生产对象在工序间作单向移动。

4）制品的制造过程被分解成许多独立的可在相等时间间隔内完成的工序，这个时间间隔即为生产线的“节拍”。将这些工序分配到各个工作站，并同时而平等地进行生产，使制造过程同步化。

5）工作站之间有传送装置连接。生产对象能流水般地在工序之间流动，制造过程具有高度的连续性。

单一对象的流水线能创造较高的劳动生产率，是现有生产组织形式中效益最高的一种生产形式。但随着社会经济的发展和人们的消费水平的提高，社会需求的多样化，原来单一对象的流水线已不能满足新的需求，促使采用流水方式组织生产的企业，如汽车、家电行业，也开始走上了多品种生产的道路，从而产生了多对象的流水线，即在同一条流水线上轮番地变换品种，进行多品种生产。

下面是流水线的专用指标。

1. 自动线的理论循环时间（理论节拍）T_c

$$T_c = T_{[illegible]} + T_{omax} \tag{1-13}$$

2. 自动线实际循环时间 T_p

由于多种原因造成自动线中断停顿，故实际的循环时间要大于理论循环时间。若以 T_d 表示自动线的停机时间（含故障诊断和修理时间）F 表示分配到单个循环时间的自动线停机频率，则

$$T_p = T_c + F \cdot T_d \tag{1-14}$$

由式（1-14）可知，自动线的节拍与单站流水生产的节拍之间是不同的。单站由于没有线之间的耦合作用，节拍可以近似地按 T_c 计算；而自动线则因其中一个站的停机而引起整条流水线停顿，因此必须按 T_p 计算。

3. 自动线的平均生产率 R_p

$$R_p = 1/T_p \tag{1-15}$$

4. 自动线停机频率 F 的计算

根据引起自动线停机的原因，计算停机频率的方法有两种。

（1）上界法　假定工作停机原因是由于工作站的设备出现故障而引起的，若有 n 个工作站，且每个工作站的故障的停机概率 P 近似相等，则自动线故障停机在每一个循环内的频率 F 按下式计算：

$$F = n \cdot P \tag{1-16}$$

（2）下界法　假定所有工作站均未出现故障，而所加工的工件出现了不合格品，必须被剔除。这样尽管自动线没有停下来，但由于工件被剔除，工作站空运转，依然相当于自动线“停机”。设加工件被剔除的概率为 q，且假定各工作站上工件被剔除的概率均等，则

$$F = 1 - (1 - q)^n \tag{1-17}$$

同时，由于工件被剔除，又影响了平均生产率 R_p，故采用下界法时，平均生产率 R_p 应按下式进计算：

$$R_p = (1 - F)/T_p \tag{1-18}$$

由式（1-18）不难看出，用下界法确定的 F，不仅代表自动线的停机频率，而且也代表工件被剔除的频率。被剔除的工件若不能再进行返修，则停机频率就变成废品率了。

5. 自动线的效率 E 与停机比 D

$$E = T_c/T_p = T_c/（T_c + F \cdot T_d） \tag{1-19}$$

$$D = F \cdot T_d/（T_c + F \cdot T_d） \tag{1-20}$$

故有

$$E + D = 1$$

例 1-3　设一条有 10 个站的自动线，其理想循环时间 $T_c = 1.0\text{min}$，停机频率 $F = 0.1$，平均停机时间 $T_d = 6.0\text{min}$，废品率为 5%，原材料成本为 $C_m = 15$ 元，投资成本 $C_L = 16.0$ 元/min，刀夹具成本 $C_d = 1.5$ 元/件。试求：1）生产率；2）满足 1500 件周产量要求的工作时间；3）自动线的效率；4）单件成本。

解：1）自动线的生产率为

$$T_p = T_c + F \cdot T_d = [1 + 0.1 \times 6.0]\ \text{min} = 1.6\text{min}$$

$$R_p = 1/T_p = [1/1.6]\ 件/\text{min} = 37.5\ 件/\text{h}$$

在 5% 废品率的情况下，实际生产率为

$$R_p = [(1 - 5\%) \times 37.5]件/\text{h} = 35.625\ 件/\text{h}$$

2）满足 1500 件周产量的每周生产时间为

$$T = \frac{1500\ 件}{35.625\ 件/\text{h}} = 42.1\text{h}$$

3）自动线的效率和停机时间比为

$$E = \frac{T_c}{T_p} = \frac{1.0}{1.6} = 0.625$$

$$D = 1 - E = 1 - 0.625 = 0.375$$

4）单件加工成本为

$$C_{pc}=\frac{1}{1-5\%}\times(15.0+16\times1.6+1.5)\text{ 元/件}=44.32\text{ 元/件}$$

1.6 制造过程的组织与再造

任何工业产品都是在一定的空间和时间里生产出来的。要构建一个高效的制造过程，离不开合理的制造过程组织，包括制造过程的空间组织和时间组织。特别是在订单生产条件下，强调制造过程的柔性化组织与再造显得格外重要。

1.6.1 制造过程系统的概念

1. 制造过程系统的含义

按企业生产作业计划，为完成规定的产品品种、质量、数量和产品出产进度等指标而设置的保证产品制造的流程最短、时间最省、耗费最少的系统总体，称为制造过程系统。制造过程系统是制造型企业核心竞争力的重要组成部分，是实现经济效益目标的基础。

2. 制造过程系统的组成

对于机械制造企业来说，制造过程系统一般由五个子系统组成。每一个子系统对应一个制造子过程，具体有：

(1) 基本制造过程　所谓基本制造过程是指直接改变物料的物理和化学性质，使之成为企业产出物，即出产成品的过程，如企业的毛坯制造（铸件、锻件等）、零件加工（切削加工、热加工、电解加工等）和部件、产品的装配过程等。

(2) 辅助制造过程　为保证基本制造过程的正常运行，需要辅助制造过程子系统的支持，如机械设备维修、调整、更新与安装，工艺装备的制造，动力和燃料，物料的预处理等。辅助制造过程中还包括计算机辅助制造方面的内容。

(3) 生产服务过程　为基本制造过程和辅助制造过程等进行的各种服务过程，如对原材料、半成品、工具等的保管和运输、试验和理化检验等过程。

(4) 附属制造过程　为基本制造过程提供所需的附属材料等的制造过程，如生产包装用的纸箱、袋、容器等。

(5) 副业制造过程　增加副业制造过程是企业对物料的充分利用，再创价值的选择。它是利用企业基本制造过程中产生的边角余料或废料等生产副产品的过程，如飞机制造企业生产铝制品，锅炉制造企业生产液化气罐等。

制造过程的各个组成部分之间，既相互区别，又有着密切的联系。其中，基本制造过程是主要的，其他制造过程都是围绕基本制造过程来进行的，并为基本制造过程提供直接或间接的服务。将制造过程划分成若干个子过程的目的，是分清它们在企业制造过程中的地位、作用和相互关系，便于企业抓住主要制造过程，带动其他过程，最终取得良好的生产效果。

1.6.2 制造过程系统的基本要求

总的要求是在保证按时、按质、按量完成生产任务的前提下，尽可能地以最少的消耗来获取最大的经济效益。为此制造过程系统必须满足如下基本要求。

（1）连续性要求　制造过程的连续性是指物料在制造过程中各阶段的移动自始至终在连续不断地进行着，没有或很少有中断现象。提高制造过程连续性的程度，就可以缩短产品生产周期，减少在制品数量，提高设备的利用率，有利于企业减少停工待料时间，降低生产成本。

（2）协调性要求　制造过程的协调性是指企业基本制造过程和其他制造过程之间、基本制造过程各阶段各工序之间，在生产能力上都要保持适当的比例关系，如毛坯制造与加工装配之间的生产能力匹配，生产设备数量与维修保养能力匹配等，都应符合生产的需求。当然，这种平衡是动态的，需要不断地进行调整和完善。

（3）平行性要求　平行性要求是指制造过程各阶段尽可能地组织平行生产。平行生产的最大优点是提高制造过程系统的工作可靠性和平稳性，如同一产品的各零件尽可能地组织平行加工，用几台设备加工某一个关键零件，一旦某个设备出现故障，其他设备仍可进行该零件的生产，保证生产的连续；特别值得提出的是，过去的装配流水线往往是一线型流水线。这条流水线上一旦某个工作站出现问题，将直接影响整条流水的作业。如果将流水线改造成平行作业的流水线，则某条支线出了问题，其他线依然可正常作业，保证产品出产。关于平行装配流水线的研究将在第 6 章中作详细介绍。

（4）均衡性要求　均衡性是指制造过程的各个阶段和各道工序都要按照规定，在相同的时间间隔内生产出等量的成品，并使各工作过程的负荷相对均衡，提高设备和工时的利用率。同时还有利于建立正常的生产秩序。均衡生产是现代化生产的基本要求。

（5）适应性要求　市场引导企业，企业跟着市场走，这就是订单生产。也就是说，企业要有较强的市场适应能力，同样，制造过程系统也要与之相适应。适应性是指企业在制造过程中，对产品品种的变动要具有较强的适应能力。制造过程的适应性已成为市场对企业的一种新的基本要求。

（6）柔性化要求　在订单生产方式下，产品的个性化、多样化和自主创新进程的加快，使制造过程经常随之改变。过去刚性的生产设备组合和刚性自动线已不再适应生产方式的转变。因此制造过程的柔性化已越来越重要。

从上述对制造过程系统的六个基本要求可知：这些基本要求既有联系，又有区别，相互制约。因此，寻找出一个科学、合理的制造过程系统，是企业亟需解决的一个课题。

1.6.3 制造过程柔性化组织相关理论

订单生产方式要求企业学会改变制造过程，有什么订单，就按订单组织相应的生产。柔性化指标主要有三个，即客户所需的产品品种、数量和交货期。保证产品的品种和数量对企业来说并不难做到，交货期则是企业柔性化生产的最大难点。完全固定的厂房、水泥地基固定的设备、专业化程度单一的员工，在订单制造过程的组织方面显得软弱无力。可见，制造过程的柔性化组织是企业资源快速重组、再造制造过程的一项重要工程活动。

制造过程的柔性化组织，不是更新（更新的含义是完全新建）制造过程，而是在原制造过程的基础上，使其更加适应不同的订单生产所需。有时在局部要涉及设施、设备和员工的动态组织。这就对企业的现有资源提出了新的要求，即厂房设施是可以快速搭建的；设备、装置是可编程、可调整和可移动的；员工是一专多能的。

与企业制造过程柔性化组织相关的理论内容，主要体现在以下几个方面：

（1）企业物流合理化　企业物流是制造过程得以连续进行的必要条件。伴随着生产物流，原材料经各个加工点，逐步被制造成半成品或成品。因此生产物流的合理化，可以提高柔性化组织生产的效率。

（2）均衡生产　均衡生产的最佳状态是“一个流”，即制造过程中，从毛坯投入到成品产出的全过程中，在制品始终处于不停顿、不堆集、不间断、不超越，有节奏的一个接一个的流动状态。而实现均衡生产的主要措施就是加强对制造过程的柔性化组织。

（3）制造工艺流程再造　制造工艺流程与生产类型有关，生产类型变了，工艺流程也要随之变化。订单生产就具有这样的特点。对于这个问题，目前已有成熟的解决方法，就是成组加工工艺。

（4）采用平行作业　取消流水线“单轨”运行方式，建立“多轨”或网络化的平行作业流水线，使制造过程不再因线上某个设备或工作站故障停机而导致全线停机，提高了流水线的工作可靠性。

1.6.4 制造过程的空间组织

制造过程的空间组织是指在制造企业内部各作业单位以及作业单位内部之间在空间上所做的合理布置，以便形成一个既有明确分工又有密切协作的有机整体。空间组织的重点是车间生产设备的布置。

车间设备的布置方式有三种，其各自的组织原则介绍如下。

1. 工艺专业化组织原则

工艺专业化组织原则是按照制造过程的各个工艺阶段来建立作业单位的一种形式。这种布置是集中同种机器设备和相同工种的工人，对零件进行相同工艺加工。按工艺原则布置的车间（工段或班组）称为工艺专业化车间（工段或班组），如铸造车间、锻造车间、热处理车间和机加车间等以及车工班、铣工班和钳工班等。设备采用机群式布置，如图 1-2 所示。

按工艺原则建立的作业单位，有利于充分利用生产能力，便于进行专业化技术管理，有利于提高工人的技术水平。其优点是对产品品种变换的适应性较强，当加工对象改变时，不需要重新布置设备等；其缺点是每种产品或零件制造时，制造过程要跳跃多个不同的工艺阶段，如某零件的加工过程包括车削、磨削、铣削和钻削，这样零件就要在全车间的范围内运输与周转，运输路线长，运输量大，运输的在制品增加。另外由于中间环节多，生产周期长，各作业单位之间的联系与协调也较为困难，影响了整体作业效率。

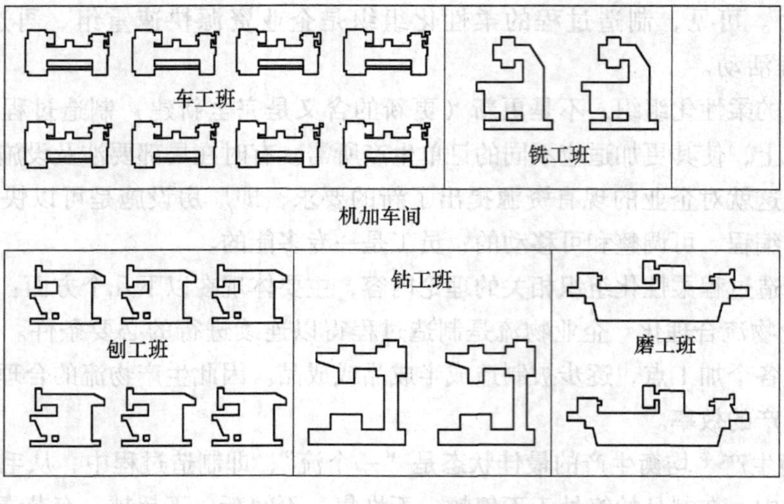

图 1-2 设备机群式布置

2. 对象专业化组织原则

对象专业化组织原则是以产品或零件为对象，将其全部或大部分工艺过程集中在一个作业单位中来组织生产。在这种作业单位中，集中了所有为制造同一种产品或零部件所需的各种机器设备和不同工种的工人，以完成产品或零部件所需的全部作业内容。设备的布置一般为流水线，如图 1-3 所示。

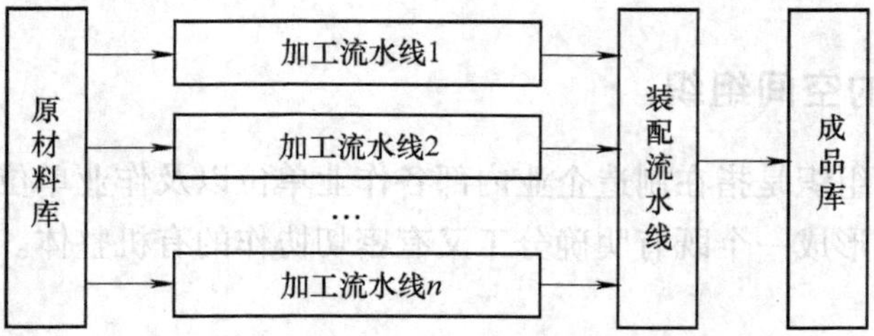

图 1-3 设备按流水线布置

按对象专业化原则组织的结果，正好与工艺原则相反，具体见表 1-3。

表 1-3 按不同的原则组织作业单位的优缺点比较

序 号	比 较 项 目	设备按工艺专业化布置	设备按对象专业化布置
1	加工对象变更的适应性	强	弱
2	设备布置形式	机群式	流水线
3	专业化技术管理	容易	困难
4	加工对象运输量	大	小
5	运输费用	高	低

（续）

序 号	比 较 项 目	设备按工艺专业化布置	设备按对象专业化布置
6	制造周期	长	短
7	在制品占用量	较多	较少
8	流动资金占用量	较多	较少
9	生产组织管理	较复杂	较简单
10	制造柔性	好	差
11	生产类型	单件小批生产	大批大量生产
12	生产率	较低	高

3. 成组布置原则

随着人民生活水平的不断提高，消费者对产品的需求日趋个性化和多样化。多品种中小批量生产的比重在今后一段时间内有继续增长的趋势。尽管工艺专业化适应这种生产方式，但过低的生产效率，很难使企业获取较高的效益。因此面对这样的一个生产困境，如何从根本上解决在多品种中小批量生产条件下获取大批大量生产时的经济效益，是现代制造企业十分重视的技术经济问题。经过多年的探索实践，成组加工技术被企业公认为是能从根本上解决产品的品种多、批量小与生产效益低之间矛盾的一种有效的方法。

成组技术（GT，Group Technology）是研究如何识别和发掘生产活动中有关事物的相似性，并充分利用它，把相似的问题归类成组，寻求解决这一组问题的方法，以获取期望的经济效益的一门工程技术。成组技术应用于机械制造方面，是将多种零件按其工艺的相似性分类以形成零件族，把同一零件族中零件分散的小生产量汇集成成组批量，从而使中小批量的生产能获得接近于大批生产的经济效果。这样，成组技术就巧妙地把品种多转化为“少”，把批量小转化为“大”，使产品品种、批量与效益之间的矛盾有条件地实现了转化，这就为提高多品种、小批量生产的经济效益开辟了广阔的道路。成组技术最先在成组加工中获得了广泛的应用。与成组工艺过程、成组工序、成组夹具、成组制造单元和成组加工车间有关的理论已经日渐成熟，应用越来越广。由此可见，成组技术是柔性制造技术的重要组成部分。

成组加工要求将零件按工艺相似性分类形成加工族，加工同一加工族有其相应的一组机床设备。因此，成组制造系统要求制造的过程按模块化原理组织加工，即采取成组制造单元的生产组织形式。在一个单元内有一组工人操作一组设备，生产一个或若干个相近的加工族，在此单元内完成加工族中诸零件的全部或部分加工任务。因此可以认为，成组制造单元是以加工族为加工对象的产品专业化与工艺专业化相融合的基本作业单位。其设备布置如图1-4所示。有关成组加工单元的内容，将在第7章中结合实例作详细介绍。

1.6.5 制造过程的时间组织

合理的制造过程系统，不仅要求作业单位在空间上密切配合，而且要求在时间上能紧密衔接，从而使制造过程满足连续性和节奏性的要求，以达到提高设备利用率和劳动生产率，缩短制造周期等目的。

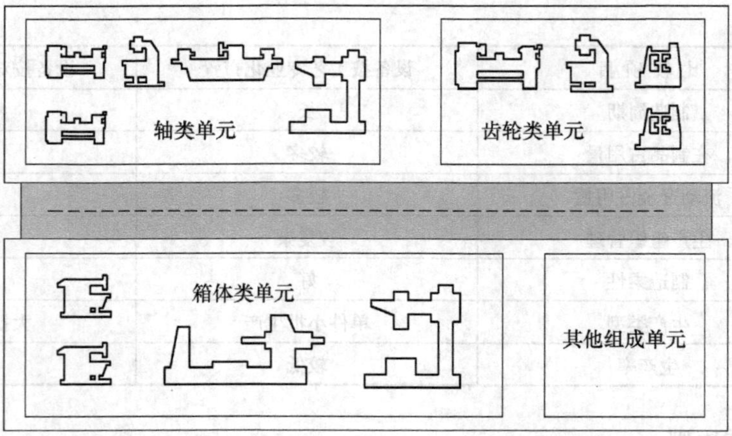

图 1-4 成组加工车间设备布置

1. 制造周期

一批零件的制造周期是指从原材料投入制造过程起，一直到最后完工为止的整个生产过程所经历的全部时间。它既可以代表一个产品的制造周期，也可以代表某一工艺阶段的制造周期，如毛坯制造周期、机械加工周期或装配周期等。制造周期是编制成批生产作业计划、确定产品及其零部件在各工艺阶段投入期和出产期的重要依据，并且可以通过分析其影响因素，有针对性地采取措施来调整制造周期。图 1-5 所示为制造周期示意图。

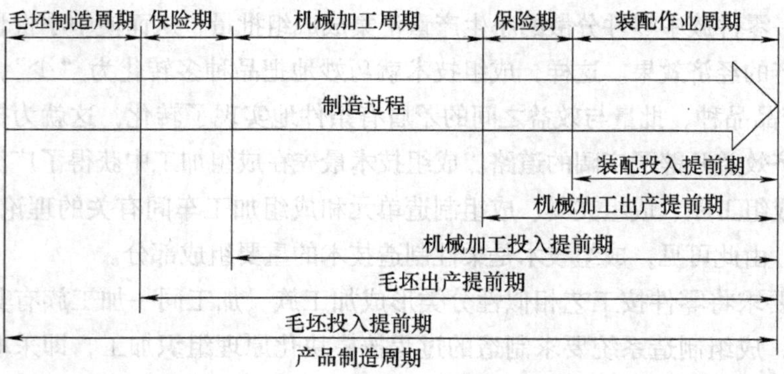

图 1-5 制造周期

由图 1-5 可知，产品制造周期确定的方法为：根据流程先确定各工艺阶段的制造周期，然后以此为基础，并考虑各工艺阶段之间的保险期，即可求得产品的制造周期。图 1-5 中所示的各提前期是指一批制件在各生产工艺阶段投入或产出的日期要比计划出产日期提前的天数，以保证按时交货。由于各工艺阶段制造周期的计算方法不同，这里仅介绍机械加工周期的计算。

机械加工生产周期由两项因素决定，一是一批制件的工序制造时间，二是制件在工序间的移动时间。

2．工序制造时间

制件的工序制造时间是指一批制件在某道工序上的制造时间，它的计算公式为：

$$T_i = \frac{nt_i}{S_i F_e K_i} + T_{zj} \tag{1-21}$$

式中 T_i——一批制件在工序 i 上的制造时间；

n——制件批量；

t_i——工序 i 上的单件作业时间；

S_i——同时完成该工序的工作地数；

F_e——日有效工作时间；

K_i——工序的额定完成系数；

T_{zj}——工序的准备结束时间。

（注：这里没有考虑工序之间的平均移动时间，简略计算时可取 $T_i = n\,t_i$）

3. 工序间制件的移动方式

合理的制造过程时间组织与零件加工过程中的移动方式有关。所谓零件的移动方式是指零件加工过程中，由上道工序加工完毕后送往下道工序的传送方式。在批量零件加工的条件下，移动方式有三种，而且每种移动方式的加工周期是不一样的。下面分别介绍每种移动方式的特点及生产周期的计算方法。

（1）顺序移动方式　顺序移动方式的特点是每批制件在上道工序全部加工完毕后，整批地运送（车辆运输方式）到下道工序加工，如图 1-6 所示。

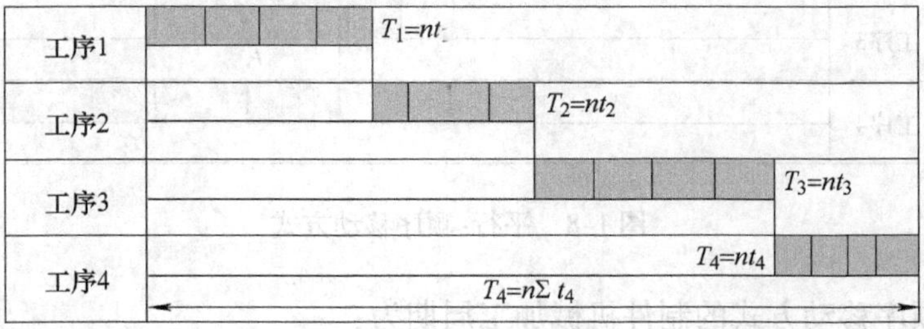

图 1-6　顺序移动方式

采用顺序移动方式加工的一批制件，当工序数为 m 时，制件的机械加工周期为：

$$T_s = n\sum_{i=1}^{m} t_i \tag{1-22}$$

（2）平行移动方式　平行移动方式的特点是，一批制件投入生产后，上道工序的每个制件加工后，立即单件转送（传送带方式）到下一道工序加工。整批制件在各工序上形成平行作业方式，如图 1-7 所示。采用平行移动方式生产的一批制件机械加工周期为：

$$T_p = \sum_{i=1}^{m} t_i + (n-1)t_L \tag{1-23}$$

式中 T_p——平行移动的加工周期；

t_L——各工序中最长工序的单件时间。

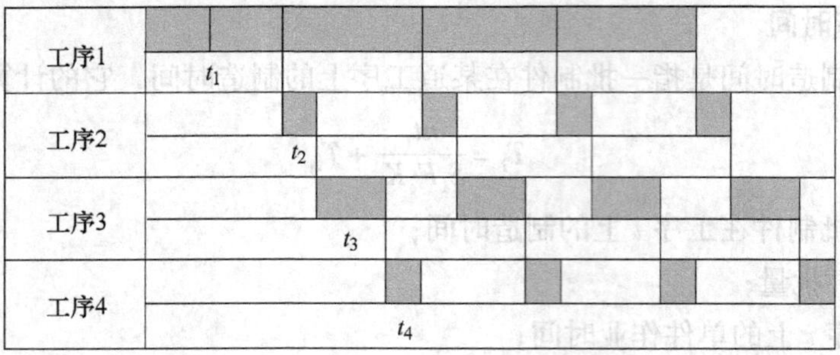

图 1-7 平行移动方式

由图 1-7 可以看出，采用平行移动方式的生产周期要比顺序移动方式的时间短得多。这是因为它是按单件方式在工序之间传送的，不发生在工序上成批等待的时间。但当各工序的单件时间不等时，会产生设备停工的现象。解决的办法是工序时间长的工序采用多台设备加工，工序时间短的工序采用单台设备加工，以缓解这种矛盾。

（3）平行-顺序移动方式　这是综合平行和顺序移动两种方式的优点的一种结合方式。它要求制件尽可能地平行加工，而又使各道工序成批加工，中间不允许出现等待，如图 1-8 所示。

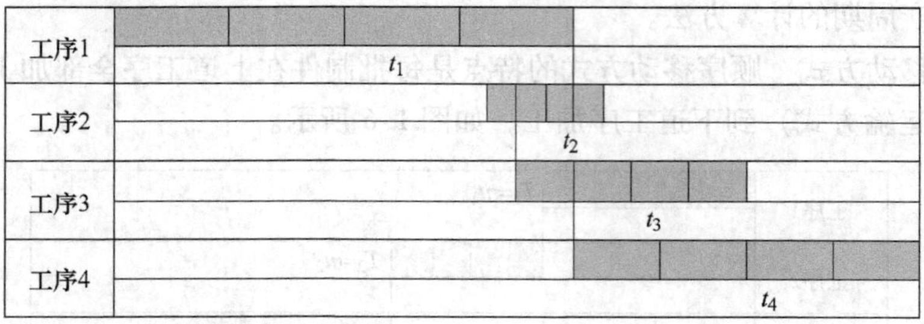

图 1-8 平行-顺序移动方式

采用平行-顺序移动方式的制件机械加工周期为：

$$T_{ps} = n\sum_{i=1}^{m} t_i + (n-1)\sum_{i=1}^{m-1} t_{is} \tag{1-24}$$

式中　T_{ps}——平行-顺序移动方式的加工周期；

t_{is}——前后相邻工序中取单件工时较小的工时。

对比这三种移动方式，可以看出，顺序移动方式的成批等待时间最多，故生产周期长；平行移动方式的生产周期最短；平行顺序移动方式介于两者之间。采用顺序移动方式，制订作业计划简单、容易，而后两者较复杂，一般情况下不便采用。推荐在下列情况下采用相应的移动方式：

1）工艺专业化的制件，可采用顺序移动方式。

2）对象专业化的制件，可采用平行移动方式或平行-顺序移动方式。

3）对于交货期要求较严的制件，可采用平行移动方式。

习　题

1-1　简述制造的概念。

1-2　20 世纪的制造模式主要有哪些？进入 21 世纪后，目前主要采用的制造模式是哪个？

1-3　灵捷制造的核心内容是什么？

1-4　简述制造过程中的五个流。

1-5　成批生产某种零件。已知，每周投产 20 种零件，平均每种零件经过 6 道工序（对应 6 台机床或工作站），平均每周生产 70h，平均工序时间 6min，平均安装时间为 5h，平均每批的非工序时间为 10h，平均每种零件批量为 25 件，该厂有 18 台机床，若忽视废品率，求：

1）确定每种零件的制造时间；

2）计算生产率；

3）确定制造能力；

4）确定利用率；

5）确定过程在制件的数量。

1-6　一条由 16 个工作站组成的自动线，其理论循环时间为 0.75min，平均停机时间为 3min，各站平均停机概率为 0.01。试求自动线的效率。

1-7　如何进行制造过程的组织？有哪些方法？

1-8　何为制造过程？其中至少要有哪些子过程？

1-9　什么是制造过程的空间组织和时间组织？

1-10　有一批零件，假设批量 $n = 10$ 件，分四道工序进行加工。各工序的单件时间分别为 $t_1 = 20\text{min}$，$t_2 = 5\text{min}$，$t_3 = 10\text{min}$，$t_4 = 15\text{min}$。若分别用三种移动方式，试计算该批零件的加工周期。

第 2 章 柔性制造系统

进入 21 世纪，基于灵捷制造模式的柔性制造系统得到飞速发展。本章将简略介绍柔性制造系统的发展情况及组成情况，在后续章节再对其主要的子系统展开讨论。

2.1 柔性制造系统产生的背景

在第二次世界大战后的和平年代中，由于先进科学技术的不断进步并转化成生产力，社会需求和市场产生了巨大变化，使传统的制造方式不断地受到挑战。新型的、先进的制造技术和系统得到广泛的重视和积极推动，也得到了飞速的发展。到了20世纪90年代，制造业的内、外部环境和条件都发生了深刻变化，其主要原因有：

1）计算机控制技术日臻成熟。计算机在制造业中的应用，已从制造产品市场的调查研究、新产品的开发和研制、产品的工程设计、生产的规划与设计，融入到生产制造、生产物流控制过程中，并不断地向更高深的领域发展。构建先进制造系统的各单元技术的时机已初见端倪，集成的条件已经具备。

2）我国加入世贸组织之后，市场的规模已经从局部市场转化为国际市场。市场的需求，不仅是产品的多样化和型号规格的日益增加、批量的减少，并且由相对稳定的市场转变成动态多变市场。市场在质量、价格、交货期方面的竞争空前激烈。

上述变化促使制造业需要一种新的策略，寻求一种在信息技术主导下将技术、管理、经济结合的新型生产方式，以便增强自身的竞争力。

柔性制造系统就是在这种背景下产生的新型、先进的制造系统。

2.2 柔性制造系统的概念

柔性制造系统（FMS，Flexible Manufacturing System）是借助于自动化传输、装卸与存储和成组加工、处理与检测，同计算机控制系统组成的制造系统，是自动化装备的计算机集成实现的一种方式，在管理程序的控制下，FMS具有加工一种或几种品种规格的相似零件组中不同零件的生产能力。

在柔性制造系统中，综合应用了GT、CAD、CAPP、CAM、自动化编程、生产预测、库存控制、生产规划与调度，以及计算机控制等多项技术，为提高系统适应多品种中小批量生产，挖掘生产潜力、提高生产率和机床利用率，压缩单件生产时间和成本，提供了技术上的支持，并使这一系统具有了广阔的发展前景。

图2-1所示为某飞机加工用的柔性制造系统的实例。它由8台卧式加工中心与检测工作台组成，可以加工600种不同的飞机零件。利用4个具有自动导向的运输车完成零件的传输。两个装卸工作站采用托盘存储与传输加工件。这种FMS能有效地加工飞机零件，实现快速、高效制造。

图2-2所示为柔性冲压制造系统。它包括薄板金属件从原材料存储器取料、装料、冲压、卸料、制件分类和制件存储等作业，整个操作由计算机站集中控制，在计算机系统的控制下完成全部冲压工作。

关于柔性的定义，国外学者给出了多种解释。本节引入这些解释，以帮助读者理解FMS中的柔性问题。

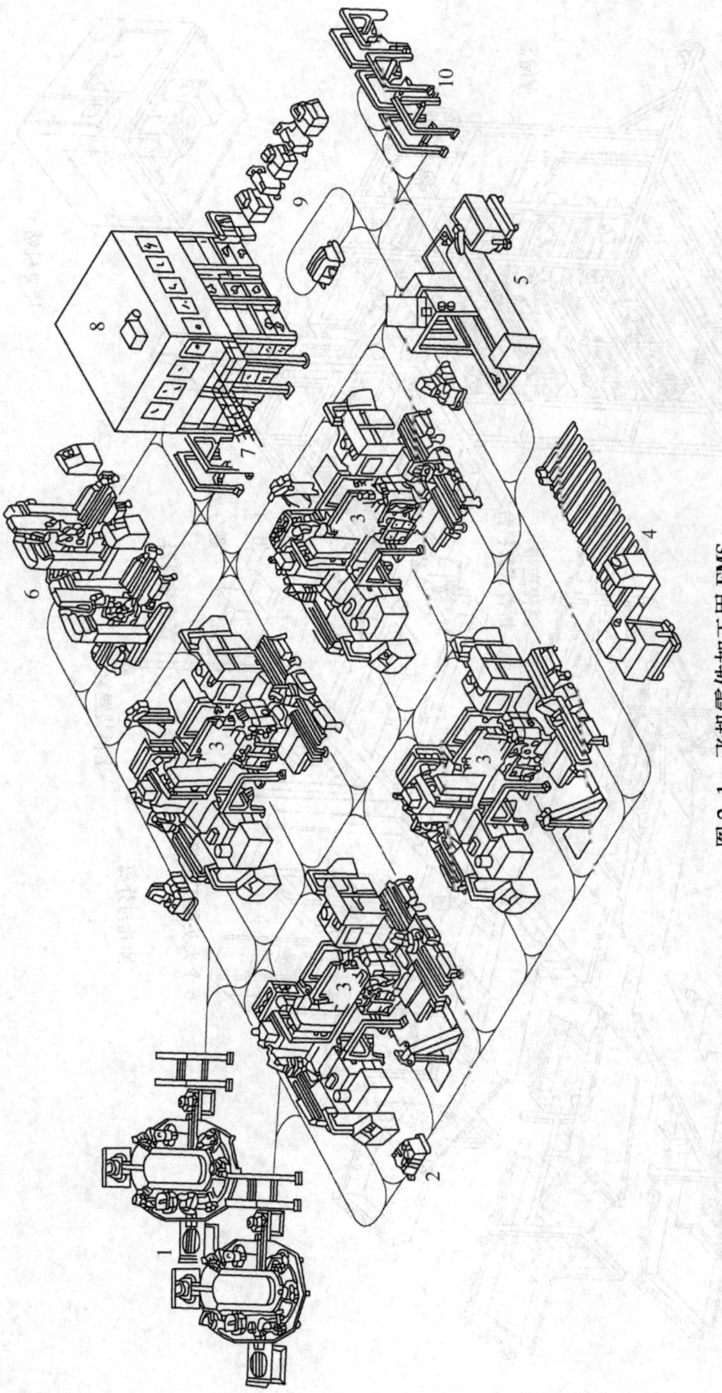

图2-1 飞机零件加工用FMS

1—装卸站 2—自动运输小车 3—CNC加工中心 4—切屑自动处理站 5—零件清洗站
6—检测站 7—手工检验站 8—中央控制计算机室 9—自动小车维修站 10—包装站

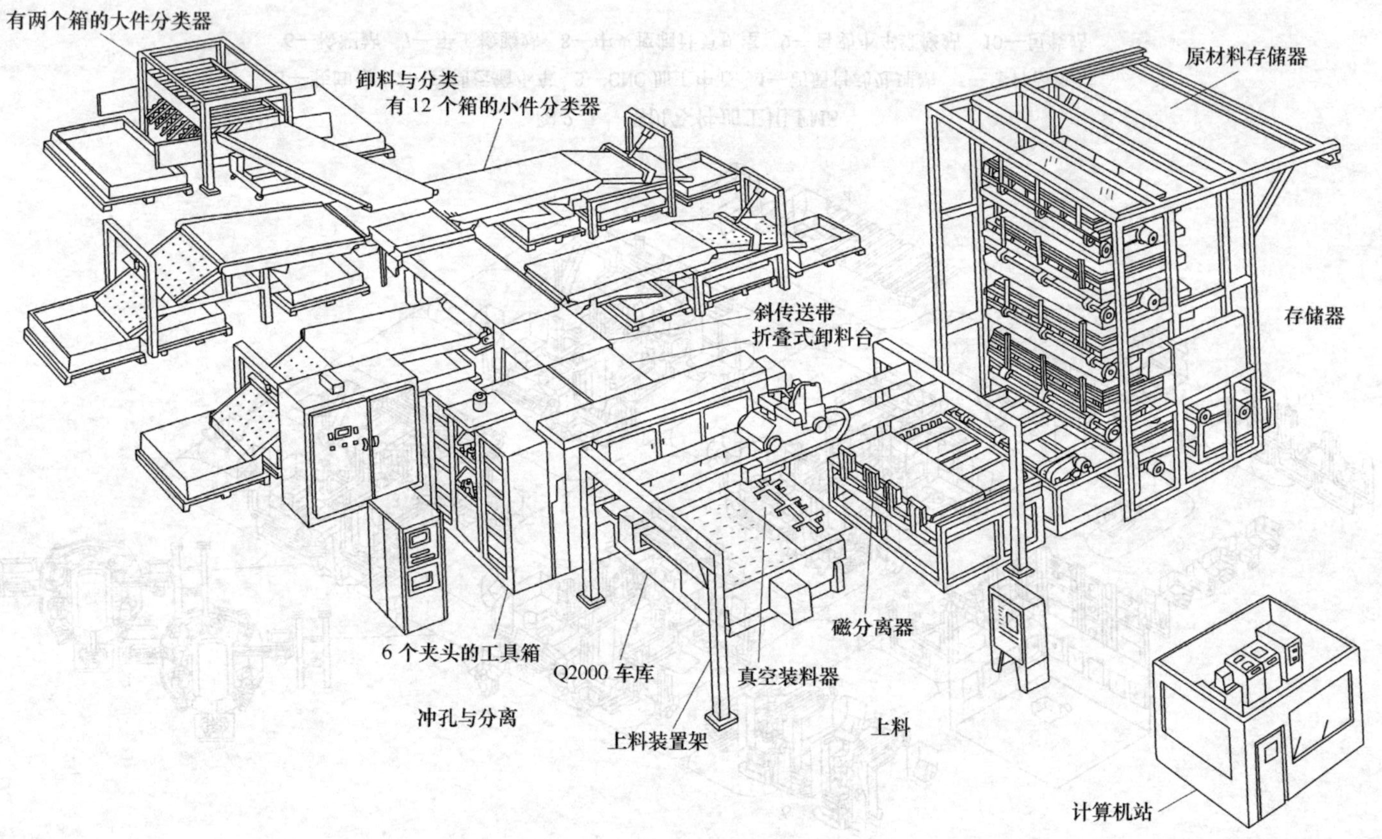

图2-2　柔性冲压制造系统

(1) 设备柔性　设备柔性是指设备易于实现加工不同类型零件所需转换的能力。衡量这种转变难易程度的指标有：

1）设备更换磨损刀具的时间。

2）为加工同一类而不同组零件所需的换刀时间。

3）组装新夹具所需的时间。

4）机床调整时间。包括刀具准备时间、零件装夹时间、卸下时间及更换NC程序时间。

(2) 工艺柔性　工艺柔性指机床能够以多种方法加工某一零件组的能力。其衡量标准为不采用成批方式而能同时加工零件的品种数，即成组加工。

(3) 产品柔性　产品柔性是指能经济而迅速地转向生产新产品的能力，即转产能力。其衡量指标是从生产一种零件转向生产另一种零件所需的时间。

(4) 流程柔性　流程柔性是指处理其故障并维持其生产持续进行的能力。其衡量指标有在发生故障时的生存能力，即生产率不致显著下降或零件加工仍能持续进行。

(5) 批量柔性　批量柔性是指在不同批量下运转都有利可图的能力。其衡量指标是保证生产运转有利可图的最小批量。批量越小，其批量柔性越高。

(6) 扩展柔性　扩展柔性是指能根据需要通过模块进行组建和扩展的能力。其衡量指标是能扩展的规模大小。

(7) 工序柔性　工序柔性是指变换零件加工工序顺序的能力。工序柔性越高，越容易以实时方式进行工艺方案的改进，即根据当前的状态（如机床负荷程度，是否有空闲等）来进行工艺方案的调整。

(8) 生产柔性　生产柔性是指生产各类零件的总和能否顺利、高效进行，衡量指标是生产系统的现有技术水平。可以说，生产柔性是上述7种柔性的总和。

2.3　柔性制造系统的组成

由上述实例可以看出，柔性制造系统FMS由以下四个基本单元组成。

1. 加工/处理工作站

在用于机械加工的柔性制造系统中基本加工工作站是CNC机床，其加工机床的类型如下：

1）加工中心（MC，Machining Centers）。加工中心作为高度自动化单机，是FMS中的一个重要组成元素。其特征是与FMS完全兼容，一般为FMS的首选加工设备。

2）可换主轴箱机床（HC，Head Changers）。用于多刀加工工件，是一种专门化机械加工机床，可作为FMS中的一个加工工作站。HC类似于多轴钻床，它的主轴头可以自动更换，而多轴钻床主轴是不可变换的。它最大的优点是可以获得高生产率，主要用于大量生产中，作为NC专机用。

3）分度主轴头机床（HI，Head Indexer）。除了主轴头较大外，它与主轴头可换机床类似，但因为主轴头大而无法在主轴驱动装置和刀库间运动。由于主轴头在分度机构驱动下进行分度运动，故可同时进行多工序加工。其分度台上可以配置8个或更多个主轴头，一般用于特定的零件族在 FMS 上的加工。

4）组合铣（MM，Milling Modules）。在一些加工系统中，所完成的工序类型与某些机械加工方法类别有关。对于铣削类加工，采用组合铣加工可获得高于加工中心的生产率。组合铣分为立式、卧式或多轴式。

5）组合车（TM，Turning Modules）。在车削加工中可为 FMS 设计专用车削组合机床。由于 FMS 上加工的许多零件装卡在托盘上，故组合车必须把刀具设计成绕工件回转的形式。

6）检验站（IS，Inspection Stations）。检验可以包含在 FMS 中。每个工作站可包括一个检验工序，也可以为检验设计专门的检验工作站。在一条 FMS 中有三种实现检验的方法：坐标测量机、专用检验触针（测头或传感器）和机器视觉。

7）金属薄板加工机（MPM，Metal Processing Machines）。柔性制造也适用于金属薄板加工，该工作站由冲压、剪切、弯折和锻压等金属加工工序组成。

8）锻压工作站（FS，Forging Stations）。锻压工作站的基本组成有热风炉、锻压机床和整形机等。

9）激光加工/处理工作站（LPS，Laser Processing Stations）。包括激光 CNC、激光加工机、激光切割机和热处理机等。

此外，所有进入 FMS 的工作站都有一个共同的本质特征，即它们的硬件、软件都与 FMS 兼容，以保证 FMS 的柔性。

2. 物料传输与存储系统

传输与存储系统主要由输送、搬运和存储设备及其控制系统组成。有时该系统还包括操作者，如装卸工作站工件装卸操作者。该系统完成的主要工作有：工件或毛坯件、半成品件、成品件的存储，工件在各加工工位间及各辅助工位间的运输和配送，完成工件与加工设备间的传送与位姿变换（装卸上下料）。

在 FMS 中，物料的传输与存储系统主要完成以下功能：

1）使工件在工作站间随机而独立地运动。这一功能要求传输系统能够把工件从一台机床或设备传送到另一台 FMS 物流顺序要求的机床或设备，以实现各种加工处理程序。同时，在某些机床过于繁忙时，它应有替代功能，保证整个 FMS 的正常运行。

2）能装卸不同形状的工件。不规则的工件通常利用传输系统中的托盘夹具实现装夹与传输。托盘夹具往往利用通用件的快速交换与快速组合完成工件的定位与装夹。对于回转件，经常用工业机器人作车削类机床工件的装卸和进行工作站之间的工件传送。

3）暂存储功能。通常 FMS 的在制件数中有相当数量的工件未处在加工或处理状态，即有不少工件处于等待状态。这一功能有助于提高机床的利用率。

4）便于工件装卸。通常在传输系统中配置一个或几个装卸工作站，且利用人工进行工件在托盘上的装卸。

5）与计算机控制完全兼容。传输系统必须有直接接受计算机控制的能力，并能根据计算机的指令把工件送到各个工作站、装卸站。

传输与存储系统的设备布置主要有以下几种类型。

图2-3所示为按行排列的FMS布局。这种排列适用于工件按规定的顺序从一个工作站向下一个工作站流动，没有回流的情况。图2-3a所示为工件的装入与卸下不在一处时的情况，只需要用一个传输系统，属于单向传输，但需要有两个装卸站；而图2-3b则只需要一个装卸站，这时就要有两个传输系统。图2-4所示为环形FMS的布局，工件按一个方向沿环形流动，在每个工作站，工件可以停顿。装卸站布置在工作站环形流的末端。每个工作站上有一个第二传输系统，允许工件既能沿环形流动，又不发生阻塞。图2-5所示为梯形FMS的布局，每个工作站自成一个子环形，子环允许工件从一个站到另一个，适合于工件有回流的情况。图2-6所示为以机器人为中心FMS的布局，该系统以一台或多台机器人作为物料传输系统，机器人配置了适合夹持回转体零件的手爪，FMS围绕机器人布置，它主要用于加工回转体零件和盘类零件的FMS中。图2-7所示为有自动化立体仓库FMS的布局。

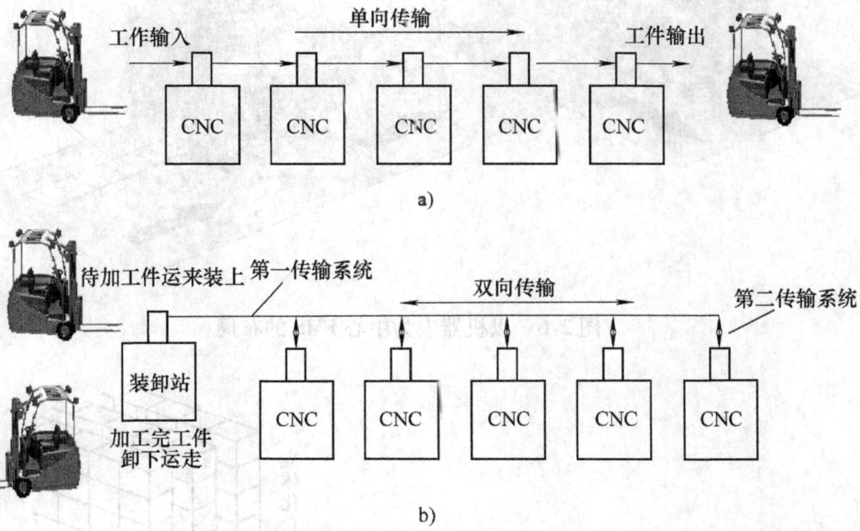

图2-3 按行排列的FMS布局

a）单向流 b）双向流

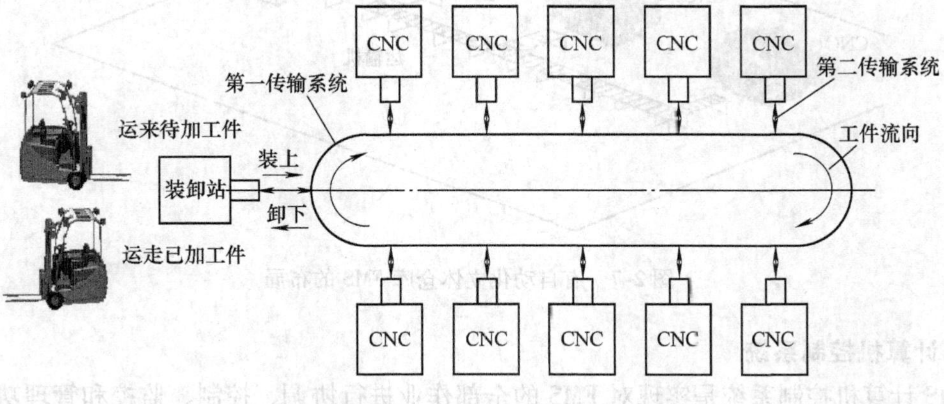

图2-4 环形FMS的布局

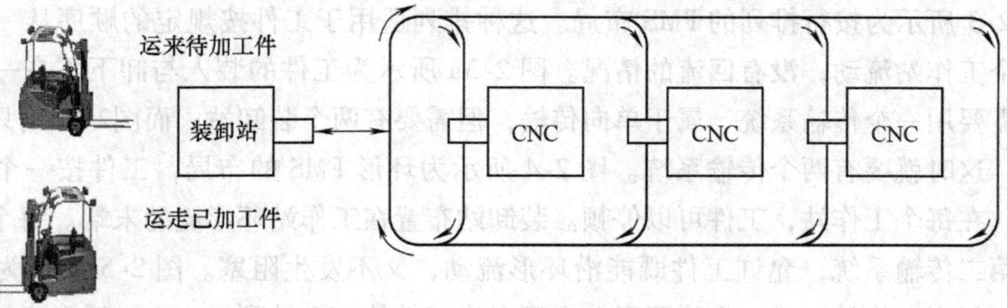

图 2-5　梯形 FMS 的布局

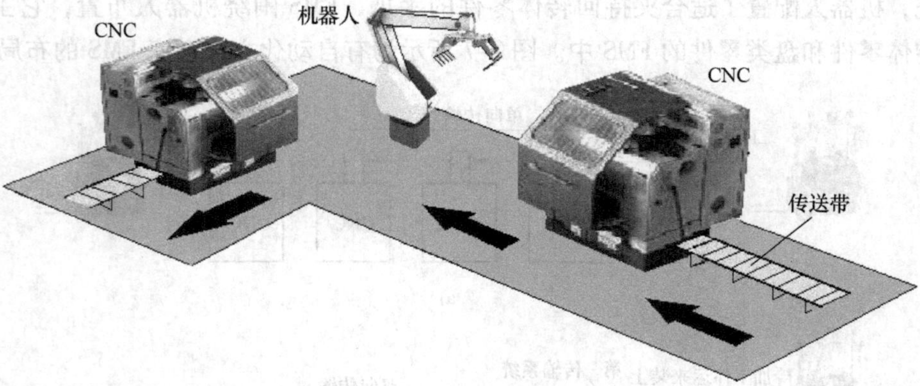

图 2-6　以机器人为中心 FMS 的布局

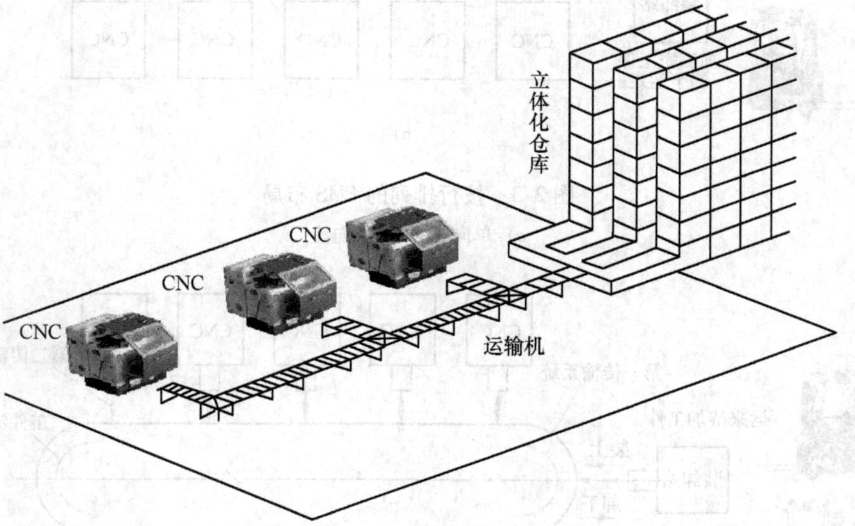

图 2-7　有自动化立体仓库 FMS 的布局

3. 计算机控制系统

FMS 计算机控制系统是实现对 FMS 的全部作业进行协调、控制、监控和管理功能的部分。用于 FMS 的计算机控制系统是十分复杂的，可以用一种机型的计算机，也可以用几种不同型的计算机，结构也可以是各种不同的网络。但为了 FMS 的推广应用与改造，应该考虑该计算机控制系统的兼容性、可维护性和扩展性。

（1）FMS计算机控制系统的功能　在FMS中计算机控制系统主要完成以下9个功能：

1）工作站控制。在全自动化的FMS中，各个工作站通常在计算机的控制下运转，对于机械加工系统，采用CNC控制各个机床。

2）把控制指令分散给各工作站。在机械加工的FMS中，零件程序必须直接下达给加工机床，以便按程序完成规定的加工。

3）生产控制。它包括对零件和各种工件进入制造系统的输入率的决策。决策的基础是进入计算机的数据，如要求每天各种零件的生产率、毛坯件的数量与相应的托盘数。计算机完成托盘流动顺序、装卸工件的生产控制功能，并向操作者提供指令进行坯件的装载。数据进入单元在装卸区提供操作者与计算机的通信。

4）传输控制。由计算机决定零件从一个工作站到下一个工作站的时间、速度和位置。

5）往返控制。它负责完成第二物料传输系统对各工作站上下料和与第一物料传输往返交换的控制，为工作站服务。

6）工件传输与装卸系统的监视。对第一与第二物料传输系统的运输装置与托盘及在FMS中的各种工件状态进行监视。

7）刀具控制。FMS中的计算机系统，其中一个重要的功能是监视与控制刀具的状态。它包括两个含义，即对FMS加工用的每种刀具的定位、安装、更换和对刀具的使用寿命与破损状况进行监视，同时包括刀具的管理、换刀和刀具识别。

8）对FMS系统性能的监视控制及报告。计算机控制系统在性能监视传感系统的支撑下，可对FMS的工作性能进行监视控制，同时可按管理要求提供各种报告与数据。

9）数据传输。FMS控制系统通过分布式处理单元的通信系统进行通信，实现多级计算机体系的管理与数据共享。对于FMS系统一般采用三级计算机控制通信网络。第一级主要是对机床和工件装卸机器人的，包括工作命令的安排调度，系统的监视等。第二级主要是对整个系统运转的管理，零件流动的控制，零件加工程序的分配以及第一级生产数据的收集。第三级负责全面的生产管理，主要编制日程进度计划，并将生产所需信息，如加工零件种类、数量、期限以及所需刀具各类送到第二级系统管理计算机。第三级计算机控制管理是预测、市场、生产流程和运行管理组成最高控制级，并由这一级协调工厂级分层通信和对局域生产控制级的垂直通信；第二级控制供工厂局部监督与协调用，它负责周生产控制、装配与质量保证，监督最低控制层，并利用生产数据和资源状况信息辅助生产决策；第一级也称最底层控制级（又称为设备级），接收上一级的数据，并将其转换成机器与设备专用控制算法。

（2）FMS计算机控制系统的数据文件　为了对FMS进行控制，计算机控制系统依赖于包含在计算机存储文件中的数据。FMS要求的基本数据文件有：

1）零件程序文件。在FMS上加工、处理的每种工件或产品程序都保存在这一文件中。对于给定的工件或产品，不同工作站的程序也各不相同。

2）流程文件。该文件包括必须经过的各工作站的流程表和零件的替代流程。按第一流程表流经的机床停机修理时，计算机将按此文件选择替代流程，越过这一台机床继续进行加工。

3）零件生产文件。对于每种工件都要保存一份生产参数文件，它包括与各台设备生产率相关的数据、过程中库存量、要求的检测项目数据等，利用这些数据可进行生产控制。

4）托盘参考文件。一定的托盘只能装夹一定的零件。此文件中保存了托盘可接受的零件卡片。FMS 中的托盘用这一文件识别零件。

5）刀具文件。该文件是为辨识存于工作站的刀具，供刀具控制使用。

6）刀具寿命文件。这一数据文件保存了 FMS 所用各种刀具寿命的数据，将刀具加工的累计时间与文件中的数据进行比较，在刀具发生故障前更换刀具。

（3）FMS 报告　在对 FMS 监视中搜集到的性能数据可以综合出以下几类报告输出：

1）利用率报告。这些报告有各工作站的利用率和 FMS 的平均利用率。

2）生产报告。它含有 FMS 生产件的日和周的报告，以生产报告的形式提供实际的生产情况。

3）状态报告。它是 FMS 系统任一时刻现况的报告。它包括工件、机器设备利用率、托盘的数据和其他 FMS 工作参数数据。

4）刀具报告。它与刀具控制相关。报告的数据包括每个站的刀具表、刀具寿命状况报告等。

4. FMS 切削过程的监控系统

柔性制造系统的切削过程的监控指的是在加工状态下对刀具、工件、机床的工况和切削过程状态动态变化的信息进行自动检测、处理、识别判断和状态反馈控制。其根本原理在于依靠切削过程实时监控技术及装置，提高机床和柔性制造系统的可靠性，充分发挥高投资设备的生产效率和利用率，改善与保障加工质量，降低废品率和成本，保证短的交货期，节约资源，减轻劳动强度，获取良好的机床和系统整体的使用经济性。

切削过程实时监视与控制系统由检测监视系统和机床数控系统互联组成实时闭环监视系统，其组成原理框图如图 2-8 所示。检测监视系统由切削过程参数传感器、信号处理单元、接口电路和识别决策单元组成，可实现如下监视与控制功能：

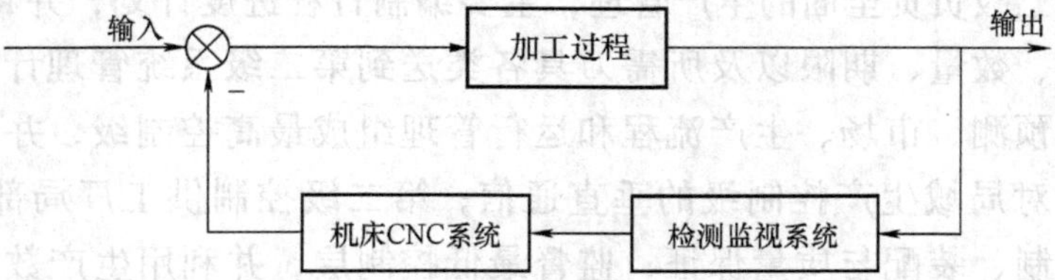

图 2-8　FMS 监视系统组成框图

（1）工件的过程监视　工件过程监视可分为：工序监视、工件监视、工件安装位姿监视、尺寸与形状误差监视和表面粗糙度监视等。工序监视、工件监视和工件安装位姿监视多采用光视法或机器视觉法。尺寸与形状监视可采用直接法或间接法：直接法是直接用标准件进行匹配测定或直接测量被加工件；间接法通过检测倒数第二个尺寸形状或刀具等位置来间接表达。表面粗糙度监视以光视法为主。为了减少环境对检测结果的影响，光视法多用激光束作检测光。

（2）机床运行监视　机床运行的稳定可靠性是制造系统的加工系统稳定，实现高生产率、高质量和低成本的前提，机床的动态精度直接影响加工精度。

首先，机床运行监视的重点在于对驱动系统的监视与控制。利用高分辨率的检测传感方法与装置监视机床运动的位移，并以位移误差作为反馈控制修正信号，进行反馈补偿以减小或消除位移误差。其次，是对主轴轴承与回转件的监视与控制。主轴回转误差影响工件圆度与孔系的同轴度精度。对它们的监视方法有：轴承寿命监视、圆度监视、热变形监视和同轴度监视等。

（3）机床状态监视　机床状态监视的检测传感参数包括：主轴或进给电动机的电流、电压、功率、力/力矩、转速、振动、温度、接触或接近、切削液流量等。通过这些参数集中的元素传感，可实现功率过载监视、切削力监视、颤振监视、刀具-工件或机床运动部件与其他部件碰撞监视和切削液控制等。

（4）精度监视与控制　加工误差可以由加工机床误差、刀具误差、工件/夹具误差等组成。此外还应考虑环境条件、系统运行工况和检测系统等项误差。对于机床自身的几何误差、静力变形和动态误差，一般采用误差的硬软件补偿法进行补偿，实现误差控制。方法有实时过程监视法、反馈修正法和循环检测法。实时过程监视法是在加工过程中对试件或工件的尺寸、几何误差直接进行实时监视；反馈修正法是根据监测结果由计算机系统求出误差值，进行反馈修正；循环检测法包括工序前与工序后检测，即在线或在机对刀具磨损、夹具与工件位置进行检测，保证工件坐标原点精度和加工优质余量的合理分配以及在加工工序完成后离线测定加工精度指标，反馈给 CNC 系统进行修正，防止继续出现废次品或不合格的精度项目。

2.4 柔性制造系统的分类

对于 FMS 进行分类有助于了解柔性制造系统的规模、柔性水平及自动化程度。一般按规模的大小进行分类。

1. 柔性制造模块 FMM

柔性制造模块（FMM，Flexible Manufacturing Module）由单台 CNC 机床与工件自动装卸装置组成，工件自动装卸装置可采用铰接臂、机器人或自动托盘交换装置，如图 2-9 所示。

2. 柔性制造单元 FMC

柔性制造单元（FMC，Flexible Manufacturing Cell）一般包括 2～4 台 FMM，它们之间由自动物料传输系统连接。自动物料传输系统将坯件或半成品从输入库区送至加工机床以及在加工机床之间传递，并将加工完毕的零件送至输出库区。FMC 明显的特点是多台同样类型或不同类型的 CNC 机床，通过自动物料传输系统连接起来，由计算机控制而形成一个集成的总体系统。一般又称为小型的、廉价的柔性制造系统，是目前发展的方向。有关 FMC 的内容将在第 5 章作详细介绍。

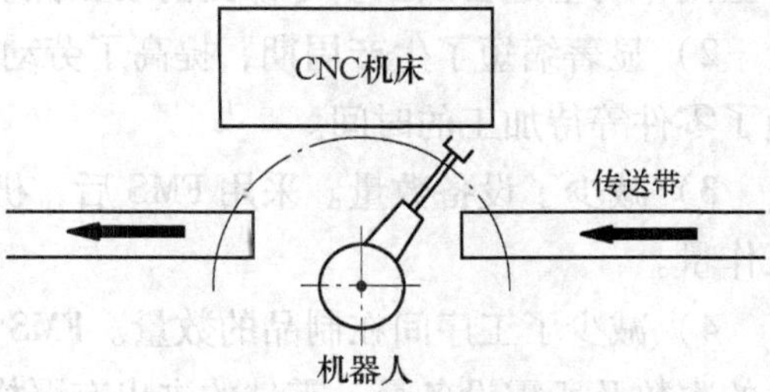

图 2-9　柔性制造模块 FMM

3. 柔性制造系统 FMS

柔性制造系统（FMS，Flexible Manufacturing System）由4台以上的CNC机床、自动物料传输系统、集成的加工任务过程控制器及分布式的计算机控制系统组成。

4. 柔性制造工厂 FMF

柔性制造工厂（FMF，Flexible Manufacturing Factory）又称为自动化工厂。同FMS发展到全厂范围，对全厂内的生产管理、计划、调度、加工过程和物料传输过程，实现全盘自动化的计算机控制，就形成了FMF。在FMF中，CNC机床的数量一般在十几台以上，包括各种加工中心、车削中心、CNC车床、CNC磨床、CNC板材加工机床等，能够加工各种形状、尺寸、材料的零件。其配置的自动物料传输系统能实现全厂范围所有刀具的自动交换与磨损刀具的自动更换，完成从自动化立体仓库领取坯料并以最有效的途径进行物流与加工以及已加工完零件到成品库之间的传输等。FMF代表了FMS的发展方向。

2.5 柔性制造系统的特点和发展趋势

1. 柔性制造系统的特点

从以上介绍的内容可知，柔性制造系统是一个自动化的制造系统，其主要特点表现在柔性和效益两个方面。

（1）系统柔性　表现在系统柔性方面的特点有：

1）可在同一时间里随机地加工零件，可根据市场的要求快速组织生产，适应市场的能力强。

2）系统中个别设备发生故障时，可通过控制系统的调度，用其他设备代替，而不致影响生产。

3）具有无人看管、自动运行的能力。日班将准备工作做好，晚班无需人的照管，系统可以自动运行。

（2）系统效益　表现在系统获得的效益方面的特点有：

1）充分提高了机床利用率。FMS中的计算机提前为每个零件安排好了机床，只要机床一空闲，马上送去加工。零件提前装在托盘上，机床没有工件装夹等待时间。

2）显著缩短了生产周期，提高了劳动生产率。FMS中减少了工序中零件积存数量，缩短了零件等待加工的时间。

3）减少了设备数量。采用FMS后，机床的利用率提高了，能用较少的设备完成相同的工作量。

4）减少了工序间在制品的数量。FMS通过工序集中在加工中心上进行，减少了工件装夹的次数及所需设备量。零件的进出有严格的限制，所以现场的在制件数量始终处于控制之下，这就使得FMS生产现场井然有序，没有多余的在制品。

5）提高零件加工质量。FMS具有高度的自动化水平、较少的装夹次数、较少的使用设备、采用高质量的随行夹具和机床监视系统，这些都有利于提高单个零件加工质量，使零件之间具有较好的一致性。

6）减少了操作人员。FMS 是在计算机控制下运行的，需要人工操作的只是装卸站。

2. 柔性制造系统的发展趋势

柔性制造系统由于其本身具有以随机次序接受任何数量的零件加工，所以它不同于其他制造系统。但由于其系统的组成受诸多方面因素的影响，发展呈现出阶段性的特点。

（1）FMC 得到大力发展　柔性制造单元 FMC 发展初期被认为是初级的、简单的柔性制造系统，但经过多年来的应用，人们发现，由于 FMC 的投资少、柔性高，深受企业的欢迎，发展的速度相当惊人。特别是随着局部网络技术的发展与应用，FMC 具有了很强的扩展性。这些都非常适合中小型企业提高市场适应能力。同时，很多企业又不断地进行总结，使 FMC 的功能和应用范围又得到了提高与扩大，从而使 FMC 的应用领域从机械制造向其他领域扩展。

（2）柔性加工原理在其他制造方法中得到推广　柔性制造的最大优点是合理安排机床、人员，快速适应市场，这种思想对于改造传统企业的生产方式也同样有作用。企业不可能一步到位地全部采用 CNC 机床。传统的普通机床还要使用。可以运用柔性化的原理加以改造，使之适合飞速发展的动态市场需求。实际上这个任务很重，是转变生产方式时不可不考虑的一个大问题。从目前来看，设备更新不适合我国的国情，而现代化改装无疑是一种切合实际的，可以缓解企业的资金不足，而且能提高企业市场的适应能力的简单易行的重要手段。

习　题

2-1　柔性制造系统是如何定义的？它的组成和类型有哪些？

2-2　FMS 是如何产生的？有哪些背景？它适合哪种制造模式？

2-3　简述 FMS 的应用效益。

2-4　在 FMS 中有哪些工作站，其特征是什么？

2-5　FMS 中的物流系统有哪些功能？其组成有哪些部分？

2-6　计算机在 FMS 可完成哪些功能？

2-7　FMS 有哪些数据文件和数据报告？

2-8　试述切削过程监视的必要性。

第 3 章 柔性加工工艺规程编制

本章在了解传统机械加工工艺、柔性制造系统知识和柔性加工术语的基础上，按照工作站零件组的加工要求，介绍在柔性制造环境下，柔性加工工艺规程的编制以及工作站 CNC 机床的编程方法。本章的内容是培养学生具备编制柔性加工工艺规程的基本能力的重要基础，因此是本课程的重点内容之一。

3.1 柔性加工知识及术语

3.1.1 柔性加工的概念

柔性加工是指利用工作站中若干台 CNC 机床（或加工中心等），按柔性加工工艺方案的要求，编制工作站内所有 CNC 机床加工程序指令（包括主控程序和子程序），控制和指挥工作站内的每一台 CNC 机床实现刀具与工件的相对运动，加工出形状、尺寸与精度符合要求的工件，有序完成对一组零件实施加工的全过程。

柔性加工与传统加工的显著不同点是：

1）加工对象不同。传统加工每次只对一批相同的零件进行加工，而柔性加工是对一组相似零件进行加工。

2）加工设备不同。传统加工一般以一台机床作为工序的划分单元，而柔性加工则以一个工作站（包括多台 CNC 机床或 MC 机床）作为工序的划分单元。

3）编制的加工工艺规程不同。传统加工只需要编制一个零件的加工工艺规程即可，而柔性加工要对一组零件编制加工工艺规程。

4）设备控制方法不同。传统加工多采用由人工操作的普通机床，工人按工艺规程的要求，操纵机床进行加工就可以实现加工目的，而柔性加工的加工过程完全是自动进行的，包括工件的装卸、换刀等，因此事先要根据编制好的柔性加工工艺规程，再编制柔性加工的 CNC 机床程序，控制机床按规定加工指令完成加工任务。

5）使用的刀具不同。传统加工可以使用各种刀具，如焊接式刀具、机夹可重磨式刀具等，而柔性加工中，为保证刀具始终处于正确位置，必须采用机夹不重磨刀具，以保证工作站中机床有较高的利用率。

6）工序复合程度不同。传统加工允许各道工序遵循工序分散或工序集中原则进行安排，而柔性加工力争尽可能地工序集中，以减少工件装夹次数、机床数量和辅助作业时间等，提高生产率。此外，在传统机床上，一个工序中可以有多次安装，而柔性加工中每台 CNC 机床上只允许一次安装，第二次安装就要在下一台 CNC 机床上。

7）与单台 CNC 机床加工不同。单台 CNC 机床的加工属于自控型自动加工机床，而柔性加工是群控 CNC 机床，共同完成加工过程，因此不仅对工作站内的所有 CNC 机床有协调性的控制要求，而且还对 CNC 机床之间、工作站与外部环境之间工件的进入与输出物流/存储运输系统进行合理规划和安排，保证物流合理流动。

8）检测方式不同。传统加工可以在线检测，也可以离线检测，而柔性加工由于各 CNC 机床的加工过程中，人不能干预，所以要对整个切削过程进行监控，使工作站在加工状态下能及时对刀具、工件、机床的工况和切削过程状态动态变化的信息进行自动检测、处理、识别、判断和状态反馈实施实时过程控制，包括工件的过程监视、机床运行监视、机床状态监视和精度监视与控制等。

当然，柔性加工是随着机械制造技术、数控技术和计算机控制技术的发展而产生的，因此柔性制造技术的组成必然是这些技术的融合与综合。传统加工的很多理论在这里依然有指导意义，是柔性加工理论与实践的基础。

3.1.2　有关柔性加工的术语

1. 柔性加工工艺过程

柔性加工工艺过程是指采用柔性制造系统对一组生产对象（或称零件组）加工，直接改变其形状、尺寸、相对位置和性质等，使其成为成品或半成品的过程。由于柔性制造系统组成中物流始终伴随的突出特点，所以柔性加工工艺过程始终与柔性生产辅助过程同步进行。

2. 工作地

柔性制造系统的工作地是由工作站、物流传输系统和计算机控制系统共同组成，不可分割，因此柔性制造系统的工作地，从柔性加工角度，可以用工作站来表示，但不能用其中一台 CNC 机床来表示，即一个工作站为一个工作地。一个柔性制造系统可以有一个工作地，较大的柔性制造系统可以有多个工作地。因此柔性加工工艺过程是一个工序高度集中的工艺过程。

3. 柔性加工工序

一个由多台 CNC 机床组成的工作站，在其工作地范围内，对一组不同批量相似零件所连续完成的那部分柔性加工工艺过程，称为柔性加工工序。这个概念与传统的工序概念有一定变化。

传统加工工艺规程对工序的界定为：判断一系列的加工内容是否属于同一个工序，关键在于这些加工内容是否在同一个工作地对同一个工件连续地被完成。这里的“工作地”，是指一台机床，这里的“连续”是指一个具体的零件加工是连续进行的，中间没有插入另一个工件的加工。

由此，为了使两者在基本含义上保持一致，需要引入等效“机床”与“零件”的概念。

1）关于“机床”。图 3-1 直观地表示了两种加工工序中等效“机床”的概念。一个工件从进入机床加工至离开，没有更换设备，表示加工在一个工序中进行。图 3-1a 所示为传统单机生产时的情况；图 3-1b 所示为柔性加工时的“单机”情况，但这个“单机”只能是一个工作站。或可以这样认为，站内机床为工作站这台大“机床”的子机床。这样就使两者在机床上的定义一致。

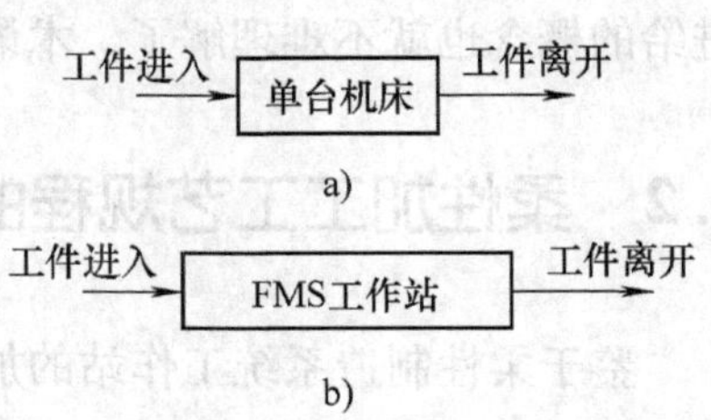

图 3-1　等效“机床”概念图

2）关于“零件”。传统单个工序只对一批相同零件的加工（复合工序可以同时对几个零件进行加工），按照这个观点，可以将柔性加工的零件组看成是一个零件，称为复合零件。由于 CNC 工作站中加工的零件是相似零件，因此这个复合零件只能是一个假想的零件，但它代表了零件组中所有零件的全部待加工表面要素，因此其他零件所具有的待加工表面要素都比复合零件少。图 3-2 所示为回转体复合零件概念图。

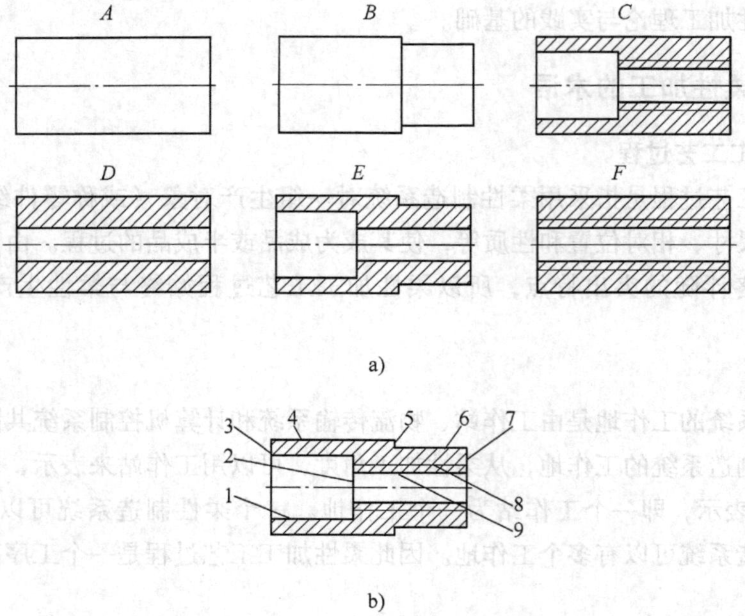

图 3-2 回转体复合零件概念图

a）零件组中的实际零件图（共六件） b）复合零件图（数字代表表面）

在这个零件组中，共有六个相似零件，分别用 *A*、*B*、*C*、*D*、*E* 和 *F* 表示，如图 3-2a 所示。对这六个零件进行虚拟、复合，就可以得到如图 3-2b 所示的复合零件。复合零件中的各表面分别用数字 1 ~9 表示。这个复合零件包括了上述六个零件的所有零件待加工表面的形状要素。如零件 *C* 中的表面在复合零件中表示为1、2、3、4、7、8、9 表面。可见，任何一个零件的表面数只能等于或少于复合零件的表面数。

经过上述等效过程，验证了柔性加工工序表述的正确性。其他关于工步、安装、工位和进给的概念也就不难理解了，术语的含义基本是一样的。

3.2 柔性加工工艺规程的编制

鉴于柔性制造系统工作站的加工工艺特点，柔性加工过程一般适用于复杂、工序多、精度要求高、需用多种类型普通机床和众多刀具和工装，并经过多次装夹和调整才能完成加工内容的零件，特别适用于加工周期性投产的零件，可以大大减少准备时间。零件加工时，所需的工时主要是基本加工时间和加工准备时间。采用普通机床的加工准备时间一般较长，每次都需要重新准备。而采用工作站则可以将这些准备时间的内容储存起来，供以后反复使用。这样对周期性投产的零件，生产周期就可以大大缩短。采取对零件组进行加工，不但可以增加批量，而且一个零件组的准备时间与一个零件的准备时间相当，这样就可以减少更多的准备工时使生产率大大提高。

3.2.1　零件组工艺性分析

对零件组进行工艺分析是编制工作站柔性加工工艺规程的首要工作。其任务是分析零件组中各零件图样的完整性、正确性和技术要求，分析零件的结构工艺性和定位基准等。具体分析有以下内容。

1. 零件的结构工艺性

从机械加工的角度考虑，工作站上加工的零件，其结构工艺性应具备以下几点要求：

1）零件的切削量要小，以便减少工作站的切削加工时间，降低零件的加工成本。

2）零件上的光孔和螺纹的尺寸规格尽可能用钻头或丝锥等刀具一次性加工出来，防止刀库容量不够。

3）零件尺寸规格尽量标准化，以便于采用标准刀具。

4）零件加工表面应具有加工的方便性和可能性。

5）零件结构应具有足够的刚性，以减少夹紧变形和切削变形。

2. 零件加工前坯件准备

在工作站上加工的零件，对坯件的要求较高，包括尺寸要求和表面质量要求。如果零件的坯件达不到工作站的要求，就要采取其他措施予以保证。常见的方法有：

1）在工作站加工之前，采用普通机床进行预加工，去除多余的加工余量。

2）尽量保证在 CNC 机床上对零件的定位准确，初次定位的基准表面应为光表面。所以在坯件预加工时，应加工出光基准面。

3）对于较小的回转类零件的加工，尽量采用冷拔圆钢作为坯件。由于冷拔圆钢坯件的形状规则，尺寸较稳定，便于自动加工过程中的装夹。零件加工后切下来，然后将圆钢外伸出需要的尺寸后夹紧再加工下一个零件，可以节省材料。

4）加工精度要求较低的加工内容，可以不在工作站上完成，以简化工作站的加工内容。一般来说，工作站仅适合进行半精加工以上工序的加工，有利于工作站的合理使用和经济性。

3.2.2　定位基准的选择

工作站中每台 CNC 机床一般只有一次安装，所以对定位基准的选择要求很高，一般从以下几个方面考虑：

1）一次装夹就能够完成全部关键精度部位的加工，应避免精加工后的零件再多次进行非重要的尺寸加工，多次周转，造成零件变形、划伤。

2）尽量选择零件的设计基准作为定位基准，减少基准不重合误差，这样做也有利于数控编程，便于对刀。

3）当零件的定位基准难于与设计基准重合时，就应该认真分析装配图样，确定该零件设计基准的功能，并通过工艺尺寸链的计算，严格规定定位基准与设计基准间允许的误差范围，确保加工精度。并且在工艺安排中加入坐标系测量检查工步，即每个零件加工前由程序自动控制用测头检测设计基准，系统自动计算并修正坐标系，从而确保各加工部位与设计基准之间的几何关系。

4）对于非回转类零件的加工尽量采用一面两孔定位，保证基准统一、定位安装方便。

5）零件定位基准应尽可能与建立工件坐标系的对刀基准重合。批量加工时，工件采用夹具定位安装，刀具一次对刀建立工件坐标系后可加工一批工件。建立工件坐标系的对刀基准与零件定位重合可直接按定位基准对刀，减少对刀误差，同时可提高加工效率。

3.2.3 工序简图尺寸标注的要求

CNC 机床加工编程中，所有点、线、面的尺寸和位置都是以编程原点为基准的，因此要根据零件图绘制能直接给出坐标尺寸的工序简图，或尽量以同一基准标注尺寸。这种标注法，既便于编程也便于尺寸之间的相互协调，在保持设计、定位、检测基准与编程原点设置的一致性方面具有很大优势。

3.2.4 拟定工作站加工工艺方案

1. 加工方法的选择

在工作站上可以采用车削、铣削、钻削、扩削、镗削和攻螺纹等加工方法，完成平面、平面轮廓、曲面、曲面轮廓、轴、孔和螺纹加工，所选加工方法要与零件的表面特征、所要达到的尺寸精度及表面粗糙度要求相适应，即：

1）平面、平面轮廓及曲面可采用铣削方式加工。精铣平面的尺寸精度可达 IT7 ~ IT9，表面粗糙度 Ra 值可达 1.6 ~ 3.2μm。

2）轴类零件表面的加工可采用车削 CNC 机床。目前这类机床的定位精度已从过去的 ±5μm提高到 ±1μm。

3）孔加工的方法比较多，有钻削、扩削、镗削和铰削等。大直径孔还可以采用圆弧插补方式进行铣削或钻削之后扩削。直径小于 ϕ30mm 的无毛坯孔的精加工，需采用铣平面→打中心孔→钻→扩→孔口倒角→铰孔加工方案。方案中加入铣平面和打中心孔工步的目的是为了提高孔的位置精度。螺纹孔的加工根据孔径大小进行选择。一般情况下，直径在 M16 ~ M20 的螺纹孔，通常采用攻螺纹方法直接加工出来。直径在 M6 以下的螺纹孔，先在 CNC 机床上完成孔底的加工，再通过其他手段攻螺纹。因为在 CNC 机床上攻螺纹不能随机控制加工状态，小直径丝锥容易折断。

2. 加工顺序的安排

工作站理想的加工工艺不仅应保证加工出符合图样要求的零件组，同时应能使机床的功能得到合理应用与充分发挥。安排加工顺序时，应遵循以下原则：

1）同一加工表面如果需要经历粗加工、半精加工和精加工顺序完成，必须将各加工阶段顺序地分配在站内的不同 CNC 机床上进行依次加工。不允许在一台 CNC 上集中完成。

2）对于既要铣平面又要镗孔的零件，按先面后孔的顺序加工。

3）相邻的不同表面的加工顺序应按就近原则进行，以缩短刀具的空行程距离。

4）带有回转刀架的 CNC 机床，可以将经常使用的刀具安装在回转刀架上，以减少刀库容量压力，而且换刀的时间也会缩短。

5）对于有同轴度精度要求的同轴多孔的加工，应通过连续换刀，把这个同轴线的多孔均加工完后，再加工下一个不同轴的孔系，以提高同轴多孔的同轴度精度。

6）在一台 CNC 机床上装夹的零件，尽可能完成所有能够加工的表面，以减少站内 CNC 机床的数量。

3.2.5　工件装夹方案的确定

1. 确定零件在 CNC 机床工作台上的最佳位置

在卧式 CNC 机床上加工零件时，考虑各种可能的干涉情况和换刀要求，刀具都是悬臂式加工。因此要综合计算工件各加工表面长度到机床主轴端面的距离，以选择最佳的刀具长度，提高工艺系统的刚度，保证加工精度。

2. 工件装夹应注意的问题

工作站内加工的工件要在每台 CNC 机床上装上与卸下，这个过程一般由机器人或机械手完成，设计的夹紧方案应注意下列三点：

1）力求设计基准、工艺基准与编程原点统一，以减少基准不重合误差和数控编程中的计算工作量。

2）批量小时，应尽量考虑采用简单专用夹具。批量大时，应使用成组夹具。

3）工件装夹的动作设计力求简单，以便于机器人或机械手能容易地装上或卸下工件。

3.2.6　工序设计

前面我们已经介绍了，柔性制造系统中的每一个工作站就是一个工序的加工单元。对于工作站的工序设计，是针对复合零件进行的，不针对零件组中具体的某一个零件。

当柔性制造系统只由一个工作站组成时，工序设计实际就是对一个工序的设计与安排。只有在多个工作站的情况下，才有加工阶段的划分。一般来说，为保证加工质量和科学合理地使用工作站资源，加工阶段的划分中几乎没有粗加工阶段（或将粗加工并入半精加工阶段中），多数是半精加工、精加工和光整加工三个阶段。其加工工序安排的基本原则与传统加工一样，如先粗后精、先面后孔、先主后次，先基面后其他面等。

根据上述原则，就可以开始进行工序设计，包括安装、工步顺序、进给、卸下工件全过程的描述，还要确定切削用量以及与加工相关的内容，编制出工序文件。有关内容将通过实例详细介绍。

3.2.7　工作站 CNC 机床分配

按复合零件进行的工序设计中存在多次安装时，就要按照一台 CNC 机床只安装一次的要求，对应地选择 CNC 机床。如一个工序中有三次安装，就要安排三个 CNC 机床。每台 CNC 机床完成一次安装中的部分工序内容的加工。

CNC 机床类型的选择与其所担负的加工任务有关，根据需要相应地进行选取即可。

3.2.8 工作站 CNC 机床编程

工作站 CNC 机床编程是指根据工作站工序设计方案与工作站机床分配方案，对站内所有 CNC 机床编制加工程序。编程一般分两步进行。

1. 主控编程

由于柔性制造系统中的 CNC 机床属于群控设备，是在一台主控计算机的控制下执行相应的程序，因此编程方式与单台数控机床仍有区别。如图 3-3 所示，每台 CNC 机床的加工都处在主控计算机的控制之下，因此协调工作站中 CNC 机床之间的关系是非常重要的。

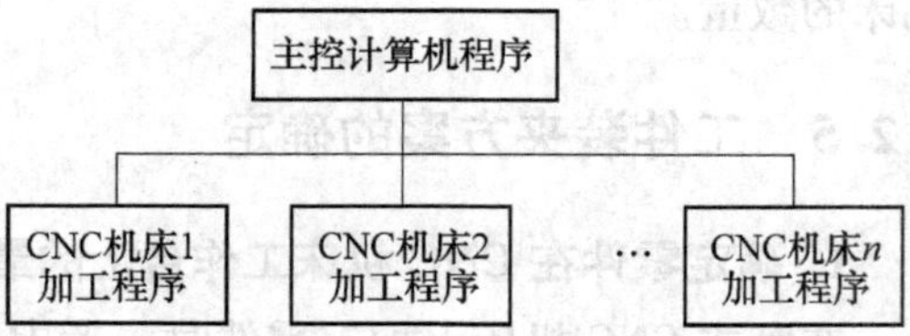

图 3-3 FMS 工作站数控编程框图

2. 单机编程

单机编程是指单台 CNC 机床的数控编程，除了在程序中要加入与主控计算机之间的通信程序外，编程的内容与方法基本与单台数控机床的编程一致。单机编程可以针对一个零件的加工，也可以针对一个零件组的加工。如果是零件组加工，就要注意按复合零件设置相应的子程序。如图 3-2b 所示，复合零件有 9 个加工表面，需要对每个表面编制子程序，供 CNC 设备调用。子程序调用框图如图 3-4 所示。

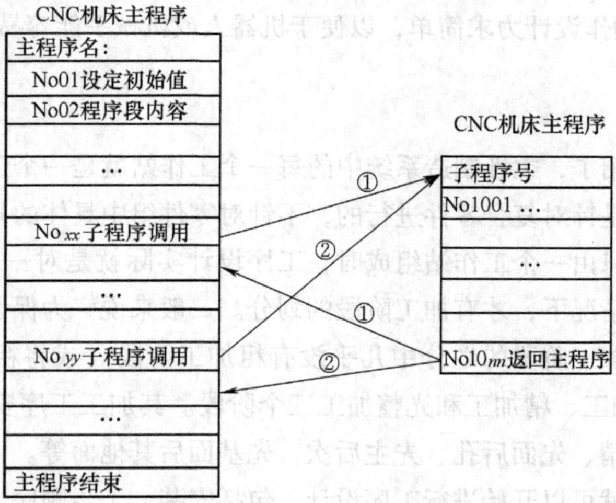

图 3-4 子程序调用框图

在正常情况下，CNC 机床按主程序的指令工作。当主程序执行到子程序调用命令时，CNC 机床就按子程序指令进行工作。当遇到子程序返回指令时，CNC 机床又返回主程序，继续按主程序的指令进行工作。主程序可以多次调用和重复调用某一子程序，为了进一步简化程序，还可以让一个子程序调用另一个子程序，称为子程序嵌套。不同的数控系统规定的嵌套次数是不一样的，在 FANUC 系统中，子程序嵌套可以有 4 级。

在 FANUC 系统中，主程序调用子程序时，要用 M98 指令调用子程序。调用格式为

M98 Pn××××

或

M98 P××××Ln

其中，××××为要调用的子程序号；P后面的 n 表示调用子程序的次数（n = 1 ~ 9999次）；Ln 也表示调用子程序的次数。

子程序结束用M99表示。当子程序执行到M99时，子程序就会自动返回至主程序，再执行主程序以下的程序段。

例4-1　编制网状孔排列的CNC机床加工程序

涉及具体数控编程，就与CNC机床有关。不同的CNC机床规定可能有所不同，因此编程时一定要查看机床编程手册。本例以FANUC-0i系统规定进行编程，程序编制内容及注释见表3-1。程序段指令的含义参看本书附录。

表3-1　网状孔加工程序

程序段号	程序段指令	注　释
O1000		主程序名
N10	#1 =0	设定#1初始值
N20	G00 G55 X0 Y#1	快速定位
N30	G00 G43 H1	执行刀具长度补偿
N40	S600 M3 F200	设定主轴参数、进给速度
N50	M98 P101001	调用子程序O1001循环10次
N60	#1 = #1 +20	计算#1值，每次增加20
N70	IF [#1 LE 300] GOTO 20	如果#1值小于等于300跳回到N20循环执行
N80	M30	主程序结束
O1001		子程序名
N10	G00 Z5	快速定位至Z5
N20	G01 Z-10	切削进给至Z-10
N30	G00 Z20	Z轴快速回退至Z20
N40	G91 X20	增量快速进给至X20
N50	M99	子程序结束返回至主程序

单机编程在实施中，还有很多因素要加以考虑，如加工路线等。有关这方面的知识请参考数控机床编程资料。

3.3　工作站柔性加工工艺规程编制实例

3.3.1　原始资料

某工作站加工一组同批量零件（共6种），如图3-2所示。为编制工艺规程，给出零件的具体尺寸，如图 3-5 所示。

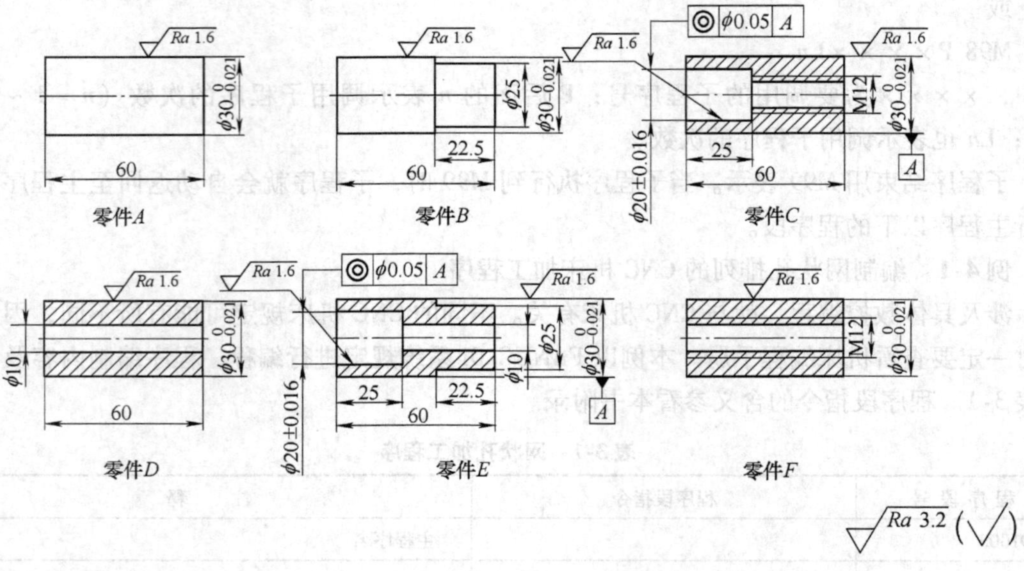

图 3-5 零件图

3.3.2 绘制复合零件图

复合零件的形状如图 3-2b 所示，图 3-6 所示为带尺寸的复合零件图。

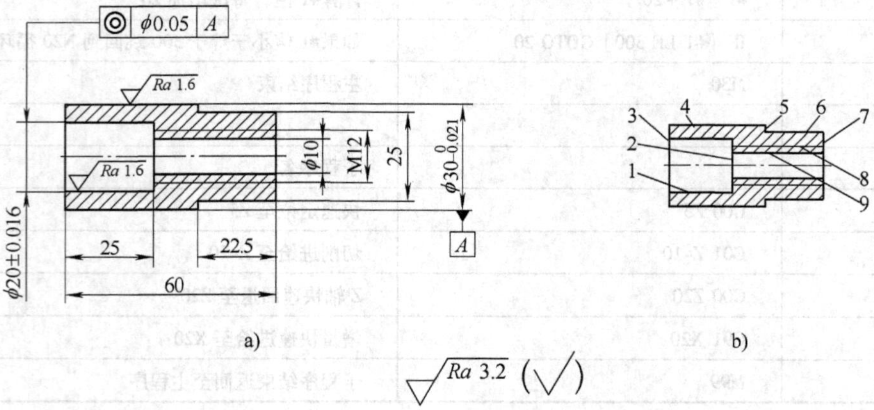

图 3-6 复合零件图

a）复合零件尺寸 b）复合零件表面定义

3.3.3 编制复合零件加工工序卡片

这个卡片可以按传统工序卡片的方式进行绘制，主要是先解决用单机对复合零件的加工过程。绘制的复合零件加工工序卡片如图 3-7 所示。工序卡片中每安装一次就换一页，以便于对应一台 CNC 机床。

机械加工工序卡片	产品型号		零件图号			
	产品名称		零件名称	复合零件	共 (2) 页	第 (1) 页

工序简图

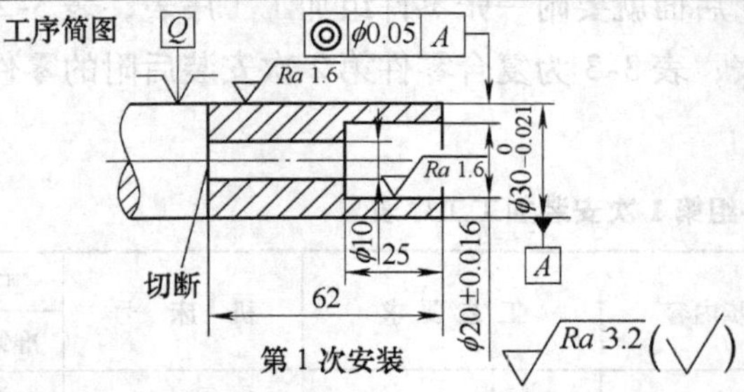

第 1 次安装

车间	工序号	工序名称	材料牌号
		车	45
毛坯种类	毛坯外形尺寸	每个毛坯可制件数	每台件数
型钢	φ35×1400	20	
设备名称	设备型号	设备编号	同时加工件数
CNC	FANUC	FANUC-001	1
夹具编号		夹具名称	切削液
FANUC-001-01		自定心卡盘	乳化液
工位器具编号		工位器具名称	工序工时
			准终　单件

工步号	工步内容	工艺装备	主轴转速 r/min	切削速度 n/min	进给量 mm/r	背吃刀量 mm	进给次数	工步工时 机动	工步工时 辅助
10	第 1 次安装	自定心卡盘							
20	车端面 7，$Ra3.2$								
30	车 φ30 外圆至尺寸，保证长度 65，$Ra1.6$								
40	钻 φ10 内孔，保证孔深 65，$Ra3.2$								
50	扩铰 φ20 至尺寸，保证长度 25，$Ra1.6$								
60	切断，保证尺寸 62								

a)

机械加工工序卡片	产品型号		零件图号			
	产品名称		零件名称	复合零件	共 (2) 页	第 (2) 页

工序简图

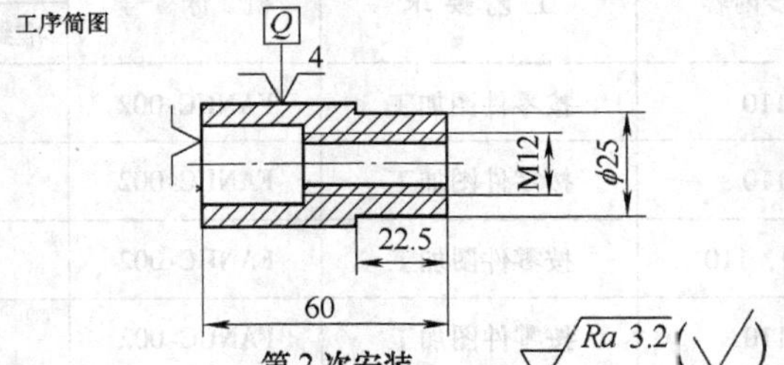

第 2 次安装

车间	工序号	工序名称	材料牌号
		车	45
毛坯种类	毛坯外形尺寸	每个毛坯可制件数	每台件数
型钢	φ35×1400	20	
设备名称	设备型号	设备编号	同时加工件数
CNC	FANUC	FANUC-002	1
夹具编号		夹具名称	切削液
FANUC-002-01		自定心卡盘	乳化液
工位器具编号		工位器具名称	工序工时
			准终　单件

工步号	工步内容	工艺装备	主轴转速 r/min	切削速度 n/min	进给量 mm/r	背吃刀量 mm	进给次数	工步工时 机动	工步工时 辅助
70	第 2 次安装	自定心卡盘							
80	车端面 3，保证长度 60，$Ra3.2$								
90	车 φ25 外圆至尺寸，保证长度 22.5，$Ra3.2$								
100	攻螺纹 M12	丝锥							
110	检验								

b)

图 3-7　复合零件加工工序卡片

a) 第 1 页　b) 第 2 页

3.3.4　编制零件组工序卡片

图 3-7 所示为复合零件的加工工序卡片，还要细化为零件组中每一个零件实际加工的工

序卡片。细化的基本方法是：在复合零件加工工序卡片后再附一张零件组加工工序表，两者要一一对应，如复合零件加工工序卡片1后面就要附一张零件组加工工序表，表3-2为复合零件第1次安装后附的零件组加工工序表；表3-3为复合零件第2次安装后附的零件组加工工序表。

表3-2 零件组第1次安装加工工序表

序号	图号	零件名称	件号	材料	工序所含工步内容	工艺要求	机床号	工时/min	
								准终	单件
1		轴套	A	45	10，20，30，60	按零件图加工	FANUC-001		
2		轴套	B	45	10，20，30，60	按零件图加工	FANUC-001		
3		轴套	C	45	10，20，30，40，50，60	按零件图加工	FANUC-001		
4		轴套	D	45	10，20，30，40，60	按零件图加工	FANUC-001		
5		轴套	E	45	10，20，30，40，50，60	按零件图加工	FANUC-001		
6		轴套	F	45	10，20，30，40，60	按零件图加工	FANUC-001		

表3-3 零件组第2次安装加工工序表

序号	图号	零件名称	件号	材料	工序所含工步内容	工艺要求	机床号	工时/min	
								准终	单件
1		轴套	A	45	70，80，110	按零件图加工	FANUC-002		
2		轴套	B	45	70，80，110	按零件图加工	FANUC-002		
3		轴套	C	45	70，80，100，110	按零件图加工	FANUC-002		
4		轴套	D	45	70，80，110	按零件图加工	FANUC-002		
5		轴套	E	45	70，80，90，110	按零件图加工	FANUC-002		
6		轴套	F	45	70，80，100，110	按零件图加工	FANUC-002		

习　题

3-1　简述柔性加工的概念。

3-2　以柔性制造系统为例，说明在柔性加工中工作地是如何划分的，工序又是如何划分的，与传统概念上的工序有何区别。

3-3　柔性加工中如何用一个零件来虚拟柔性加工的零件组？

3-4　设计一组相似零件，虚拟出复合零件。

3-5　编制柔性加工工艺规程包括哪些步骤和基本内容？

3-6　在CNC机床上为什么一般为一次安装？普通机床上为什么可以多次安装？

3-7　柔性加工对毛坯件有何要求？

3-8　在工作站中的加工中心上，可以进行铣削、钻削和镗削多种切削加工吗？

3-9　在 CNC 机床加工中，为什么要控制刀具的数量？

3-10　柔性制造系统中工作站的数控编程与单台数控机床编程有何不同？

3-11　根据本章 3.3 节实例，自行设计一组相似零件图样（参照图 3-5），绘制出复合零件的零件图。

3-12　按习题 3-11，编制复合零件加工工序卡片和零件组加工工序表。

第 4 章 柔性加工工艺系统工序能力

在零件的加工过程中，有许多的加工方法，例如切削加工、电加工、冷冲压加工、铸造、锻造、焊接、粉末冶金、化学加工和特种加工等。其中切削加工所负担的加工量约占加工总量的 40% ~60%。机床是实现切削加工的主要设备。在各类机械制造企业所拥有的装备中，机床占 50% 以上。大多机械零件都由机床加工获得，可见机床技术水平的高低将直接影响机械产品的质量和零件制造的经济性。

本章以由 CNC 数控车床组成的柔性制造单元 FMC 为例，分析影响柔性加工工艺系统工序能力的因素，并给出相应的解决途径。

4.1 金属切削加工方法与设备基础

4.1.1 金属切削加工的概念

金属切削加工是指在机床上，采用切削刀具在工件上切除多余的金属层，获取具有一定尺寸精度、形状精度、位置精度和相应表面质量的一种加工方法。切削加工主要用于金属的加工，如各种碳钢、铸铁和有色金属等，也可用于某些非金属材料的加工，如工程塑料、合成橡胶等。

切削加工按其所用的切削工具的类型不同，可分为刀具切削加工和磨料切削加工两大类。刀具切削加工的方式有车削、铣削、钻削、镗削、刨削、拉削以及齿轮加工等；磨料切削加工的主要方式有磨削、珩磨、研磨和超精加工等。

图4-1所示为车削加工示意图。车削时工件做旋转运动，称为主运动，刀具做纵向水平运动，称为进给运动。由主运动和进给运动叠加，得到合成运动。在切削过程中，工件上有三个不断变化着的表面，即未加工表面、过渡表面和已加工表面。过渡表面是刀具主切削刃正在切削的表面。工件上的多余金属被刀具切割下来，变成切屑，同时在工件上形成新表面，获得了零件的要求轮廓。

金属切削加工方法与其他机械加工方法相比，有如下特点：

1）可获得较复杂的工件形状。

2）可获得较小的表面粗糙度值，加工表面质量高。

3）可获得较高的尺寸精度、表面几何形状精度和位置精度。

因此，采用机床进行的金属切削加工常被作为零件的最终加工方法。

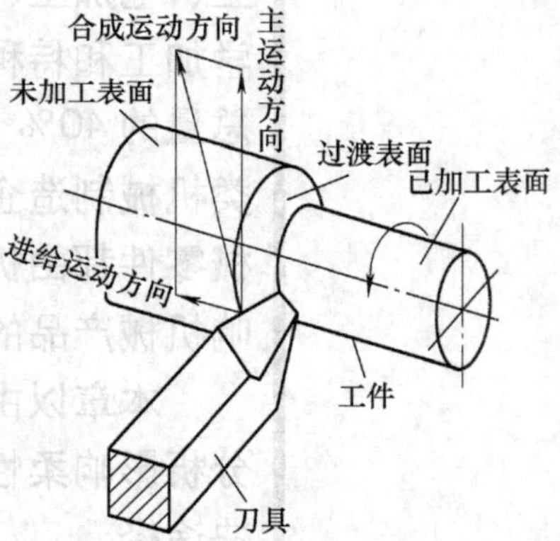

图4-1 车削加工

一般来说，机械零件结构比较复杂，加工中有外圆加工、内孔加工和各种平面加工。而且加工质量要求较高，不可能在一台设备上一次都加工完。将零件的加工划分成若干个工序，逐一、有序地对零件进行加工，最后达到图样要求的过程，称为机械加工工艺过程，简称为工艺过程。处于加工状态的零件一般称为工件。

在工艺过程中，对零件加工的基本作业单元为工序。所谓工序是指一个（或一组）操作者，在一个工作地使用一台（或一组）设备，对一个（或同时对几个）工件所连续完成的那部分工艺过程。例如，在车床上加工一个轴类零件，尽管在加工过程中可能多次调头装夹工件和变换刀具，只要不更换机床，也没有在加工过程中插入另一个工件的加工，则在此车床上对该轴类零件的所有加工内容，都属于同一个工序。因此说，工序是工艺过程的基本组成部分，也是编制工艺文件、确定零件工时定额、配备员工、安排作业计划和进行质量检验的基本单元。

按照第3章给出的观点，一个柔性制造系统 FMS 或柔性制造单元 FMC 是采用工序集中方式的一个工序单元。

4.1.2　金属切削机床的概念

金属切削机床（简称机床）是实现对金属类零件进行切削加工的设备，品种、规格繁多。根据我国制订的《金属切削机床型号编制方法》（GB/T 15375—2008）对机床的型谱划分规定，将金属切削机床分为11个大类，见表4-1。

表4-1　金属切削机床类型及代号

类别	车床	钻床	镗床	磨　床			齿轮加工机床	螺纹加工机床	铣床	刨插床	拉床	锯床	其他机床
代号	C	Z	T	M	2M	3M	Y	S	X	B	L	G	Q
读音	车	钻	镗	磨	二磨	三磨	牙	丝	铣	刨	拉	割	其

除了上述机床大类的分法外，机床还可以按其他特征进行分类。具体有：

1）按机床工艺范围的宽窄，机床可以分为通用机床、专门化机床和专用机床。通用机床可用于加工多种零件的不同工序，其工艺范围较宽，通用性好，但结构复杂，如万能升降台铣床等，适用于单件小批生产；专门化机床主要用于加工尺寸不同的一类零件或几类零件的某一道或几道工序，其工艺范围较窄，如曲轴车床、花键轴铣床等；专用机床工艺范围最窄，通常只能完成某一特定零件的特定工序，如汽车发动机箱体孔系加工专用镗床等，这类机床适用于大批大量生产。

2）按机床自动化程度的不同，机床可分为手动、机动、半自动和自动机床。

3）按机床质量和尺寸的不同，机床可分为仪表机床、中型机床、大型机床、重型机床和超重型机床。

4）按机床加工精度不同，机床可分为普通精度级、精密级和高精度级机床。

5）按机床主要工作部件的多少，机床可分为单轴、多轴机床或单刀、多刀机床等。

6）也可将上述分类进行组合，如多刀半自动精密仪表车床、多轴自动车床等。

4.1.3　获得零件加工精度的方法

零件上的一个尺寸可能要经过几道工序的加工后才能获得，如某个零件的尺寸，要经过粗加工、半精加工和精加工后才达到图样要求，这样就要针对这个零件的尺寸，确定各道工序中应达到的尺寸，这个尺寸称为工序尺寸。

零件加工后的实际尺寸与理想尺寸的符合程度称为尺寸加工精度。而零件加工后的实际尺寸与理想尺寸偏离程度称为加工误差。加工精度与加工误差是评定零件加工后的尺寸准确程度的两种不同提法，无本质区别。因此加工精度的高低也可用加工误差的大小来表示。获得零件尺寸精度的方法有很多种，其中主要有：

（1）试切法　试切法是通过试切→测量→调整→再试切，反复进行直到被加工尺寸达到要求的精度为止的加工方法。试切法的生产率低，加工精度主要取决于操作者的技术水平，常用于单件小批生产。

（2）调整法　调整法是在机床上先调整好刀具和工件在工序尺寸方向上的位置，并在一批工件的加工过程中保持这个位置不变，以保证工件工序尺寸精度的方法。调整法生产率高，加工精度稳定，在多刀半自动车床或自动车床上常用，适用于中批以上的生产。

（3）定尺寸刀具法　定尺寸刀具法是用刀具的相应尺寸来保证工件被加工部位工序尺寸的方法，如钻孔、铰孔、拉孔等。这种方法生产率较高，操作简便，加工精度较稳定，适用于大批大量生产。由于刀具在加工过程中存在磨损，尺寸改变，对加工精度产生直接的影响，因此要对刀具进行定期检验。

（4）主动测量法　主动测量法是在加工过程中，利用自动测量装置边加工边测量加工尺寸，并将测量结果与要保证的尺寸进行对比，最后决定机床的工作状态（或停或继续工作）的加工方法。主动测量所得的测量结果可在显示器上显示。该方法生产率高，加工精度稳定，是目前机械加工的发展方向之一。

（5）自动控制法　自动控制法是在加工过程中利用测量装置或数控装置等自动控制加工过程的加工方法。该方法生产率高、加工质量稳定，适用于订单生产方式，是柔性制造系统的重要基础。

4.2　机械加工工序能力

机械加工工序能力是指工序在一定时间内处于受控状态下的实际加工能力。它由工序加工工艺系统的精度水平决定。

4.2.1　工艺系统的原始误差

在机械加工时，由机床、夹具、刀具和工件构成的系统称为工艺系统。工艺系统各环节中所存在的各种误差称为原始误差。工艺系统原始误差的类型见表4-2。

表4-2　工艺系统原始误差的类型

工　况	误差类型	原始误差	说　　明
加工前	机床几何误差	机床主轴回转误差	包括轴向窜动、纯径向跳动和纯角度摆动误差
		机床导轨导向误差	包括水平面内直线度误差、垂直面内直线度误差、两导轨平行度误差
		传动误差	包括传动件速比误差、内联系传动链总传动速比误差
	加工原理误差	成形刀具造形误差	包括刀具直线、轮廓近似造形误差和刀具制造误差
		成形运动传动误差	包括螺距误差和展成加工误差
	调整误差	测量误差	包括量具制造误差、读数估计误差
		位移误差	低速微量进给时传动链弹性变形和摩擦导致进给机构“爬行”引起的误差

（续）

工　况	误差类型	原始误差	说　明
加工前	调整误差	最小切削厚度极限误差	切削厚度过小时切削刃切不下金属引起的误差
		定位误差	包括基准不重合误差、基准位移误差
加工中	工艺系统受力变形	工艺系统弹性变形	由工艺系统刚度不足引起让刀误差、形状误差
		工艺系统塑性变形	工艺系统接触刚度不足时，因被加工材料硬度较大，塑性变形减少（即切削困难）引起的误差
		工艺系统振动	主要影响工件表面粗糙度
		误差复映	由工件的毛坯制造误差以一定程度复映到加工后工件上引起的误差
	工艺系统受热变形	内热源	由工件加工中“热”、加工后“冷”的热胀冷缩引起的加工误差
		外热源	主要影响精密加工
	磨损误差	磨损误差	工艺系统医磨损引起的各种误差
加工后	度量误差	总检误差	包括量具制造误差、读数估计误差
	内应力引起的变形	时效变形	工件加工完经较长时间后零件的时效变形引起的误差

4.2.2　影响工艺系统加工质量波动的因素

造成工艺系统的原始误差的因素很多，通过对加工质量产生波动的原因进行分析，主要因素有两类：偶发因素和异常因素。

1）偶发因素。如原材料性质的微小差异，机床工作时的轻微振动，刀具正常磨损，切削力的微小变化，夹具的微小松动，车间温度、湿度、电力等的微小波动，操作者精神状态的微小变化等都是引起工艺系统原始误差的偶发因素。偶发因素数目较多，虽然它们对加工质量经常起作用，但它们对加工质量的影响并不大。一般说来，不会因此而造成废品，也不会因此影响零件的同一性和互换性。偶发因素具有四个特点，即始终存在且随机变化、影响微小、逐件不同和难以去除。

2）异常因素。如原材料中夹有其他不同的物料，机床振动，操作者的错误操作，刀具的过度磨损，仪器、量具本身的不准确性等都是影响工艺系统的异常因素。它也有四个特点，即有时存在、影响较大、易产生废品和容易去除。

由偶发因素造成的质量波动小，不易也不值得去除，这类加工质量的波动属于正常的波动，只要在加工中加以限制即可。这就是后面要介绍的工序能力问题。而对于异常因素造成的加工质量波动，必须加以限制，坚决去除。

4.2.3　工艺系统的工序能力

应用工艺系统对工件进行加工是以工序为基本单位进行的，加工过程中偶发因素始终存在。由偶发因素引起的工序尺寸变化服从正态分布，如图 4-2 所示 。工序尺寸分布曲线的数学方程式为

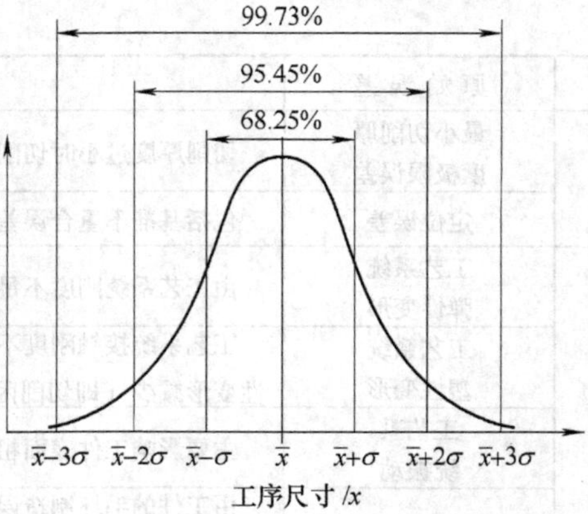

图 4-2　工序尺寸正态分布曲线

$$f(x)=\frac{1}{\sqrt{2\pi\sigma}}e^{-\frac{(x-\bar{x})^2}{2\sigma^2}} \tag{4-1}$$

式中　$f(x)$——正态分布曲线的纵坐标值，即工件数；

x——正态分布曲线的纵坐标值，即实际工序尺寸值；

$\bar{x}$——工序尺寸的算术平均值；

σ——工序尺寸的标准差；

π——圆周率；

e——自然对数的底数。

以工序尺寸的算术平均值为对称轴，从 $\bar{x}-3\sigma$ 到 $\bar{x}+3\sigma$ 的工序尺寸允许变动范围，就是该工序工艺系统的工序能力，用 B 表示。其值为

$$B=(\bar{x}+3\sigma)-(\bar{x}-3\sigma)=6\sigma \tag{4-2}$$

由式（4-2）可知，工艺系统的工序能力仅与工序尺寸的标准差 σ 有关，σ 的值越小，则工序能力越强，加工精度越高，反之亦然。

工艺系统的工序能力主要取决于机床的加工精度。若想提高工序能力，就要用加工精度高的机床保证。

4.2.4　工序能力指数

工序能力指数是指在工序中，工件的工序尺寸的精度要求（即工序尺寸公差 T）与工艺系统的工序能力的比值。它是用来表示工序能力满足工件加工质量要求或工艺规范要求的程度，用 C_p 表示。工序能力指数 C_p 的计算式为

$$C_p=\frac{\text{工序尺寸公差}(T)}{\text{工艺系统工序能力}(B)}=\frac{T}{6\sigma} \tag{4-3}$$

值得注意的是，工序能力高，并不代表工序能力指数高。关于工序能力指数计算，我们可以举一个简单的例子。

假设在同一台机床上对工件上的两个工序尺寸进行加工，工艺系统的工序能力为 $B=6\sigma=0.02\text{mm}$，工序中工件的一个工序尺寸公差为 $T_1=0.01\text{mm}$；工序中另一个工序尺寸公差为$T_2=$

0.03mm。计算得到各工序尺寸的工序能力指数为

$$C_{p1}=\frac{T_1}{6\sigma}=\frac{0.01}{0.02}=0.5$$

$$C_{p2}=\frac{T_2}{6\sigma}=\frac{0.03}{0.02}=1.5$$

从计算结果看，第一个工序尺寸加工的工序能力指数严重不足，而第二个工序尺寸加工的工序能力指数过于充足。由此可见，工序能力指数是一个十分重要的概念。表4-3为工序能力指数评价与改进措施，可以此为依据判断设备对指定工件加工是否得当。

表4-3　工序能力指数评价与改进措施

工序能力指数	评　价	改进措施
$C_p \leqslant 0.67$	工序能力严重不足	停止生产，追查原因并加以改进；如果是质量标准过高，则修正标准
$0.67 < C_p \leqslant 1$	工序能力不足	采取提高工序能力的措施，加强工序质量控制，进行全数检验
$1 < C_p \leqslant 1.33$	工序能力适宜	严格工序控制，预防不良品发生，建议多采用
$1.33 < C_p \leqslant 1.67$	工序能力充足	对一般零件，可以简化质检程序，采取抽样检验。对于关键零件，建议采用
$1.67 < C_p$	工序能力过于充足	简化质检程序，可适当免检，除非有非常严格的质量要求时采用外，建议少采用

4.3 工作站柔性加工工艺系统工序能力分析实例

前面我们介绍了单台CNC机床的工序能力。下面结合实例，介绍柔性制造单元工作站的工序能力。

4.3.1 给定数据

某柔性制造单元采用工序集中的方式加工3种不同尺寸及公差的成组零件。每种零件都经历半精加工阶段→精加工阶段。零件各阶段加工的工序尺寸及公差见表4-4。在表中，工序尺寸具体值略，给定的数据为零件按经济精度确定的各加工阶段工序尺寸的公差值。如用小写字母代表零件，字母后的数字代表阶段，则有如a1代表零件a的半精加工阶段工序尺寸及公差，略去尺寸，a1公差为100μm。基本要求是：

1）一台CNC机床只能对零件进行一个加工阶段的加工。

2）在满足CNC机床数量不超过4台的前提下确定最佳的机床与零件的匹配关系。

基本匹配要求见表4-5。

表 4-4 零件加工工序尺寸及公差 （单位：μm）

零件代号	a	b	c
半精加工	a1/40	b1/120	c1/80
精加工	a2/20	b2/60	c2/40

表 4-5 CNC 机床与零件的匹配关系 （单位：μm）

工序名称	半精加工	精加工
工序能力指数	$1.33 \leqslant C_p \leqslant 1.67$	$1.67 < C_p$
最佳匹配	取小值	取小值

4.3.2 按零件精度要求确定机床的工序能力范围

由表 4-4 可知零件各工序尺寸的公差值在 20～120μm 之间，要求 CNC 机床的工序能力指数半精加工时要大于 1.33，精加工时要大于 1.67，则备选的不同加工精度 CNC 机床有 9 台。对现场 CNC 机床工序能力进行初选调查的结果见表 4-6。

表 4-6 CNC 机床工序能力调查 （单位：μm）

机床代号	A	B	C	D	E	F	G	H	J
工序能力/B	10	20	30	40	50	60	70	80	90

4.3.3 初算工序能力指数

由表 4-4 和表 4-6，将所有机床与零件加工阶段进行组合，建立一个工序能力指数矩阵 C_p，其中行代表零件某阶段工序公差，列代表 CNC 机床的工序能力。初算出所有机床对所有零件各加工阶段的工序能力指数。前 3 行为半精加工阶段，后 3 行为精加工阶段。其计算结果为

$$C_p = \frac{T}{B} = \begin{pmatrix} \frac{a1}{A} & \frac{a1}{B} & \frac{a1}{C} & \frac{a1}{D} & \frac{a1}{E} & \frac{a1}{F} & \frac{a1}{G} & \frac{a1}{H} & \frac{a1}{J} \\ \frac{b1}{A} & \frac{b1}{B} & \frac{b1}{C} & \frac{b1}{D} & \frac{b1}{E} & \frac{b1}{F} & \frac{b1}{G} & \frac{b1}{H} & \frac{b1}{J} \\ \frac{c1}{A} & \frac{c1}{B} & \frac{c1}{C} & \frac{c1}{D} & \frac{c1}{E} & \frac{c1}{F} & \frac{c1}{G} & \frac{c1}{H} & \frac{c1}{J} \\ \frac{a2}{A} & \frac{a2}{B} & \frac{a2}{C} & \frac{a2}{D} & \frac{a2}{E} & \frac{a2}{F} & \frac{a2}{G} & \frac{a2}{H} & \frac{a2}{J} \\ \frac{b2}{A} & \frac{b2}{B} & \frac{b2}{C} & \frac{b2}{D} & \frac{b2}{E} & \frac{b2}{F} & \frac{b2}{G} & \frac{b2}{H} & \frac{b2}{J} \\ \frac{c2}{A} & \frac{c2}{B} & \frac{c2}{C} & \frac{c2}{D} & \frac{c2}{E} & \frac{c2}{F} & \frac{c2}{G} & \frac{c2}{H} & \frac{c2}{J} \end{pmatrix}$$

$$
= \begin{pmatrix}
\frac{40}{10} & \frac{40}{20} & \frac{40}{30} & \frac{40}{40} & \frac{40}{50} & \frac{40}{60} & \frac{40}{70} & \frac{40}{80} & \frac{40}{90} \\
\frac{120}{10} & \frac{120}{20} & \frac{120}{30} & \frac{120}{40} & \frac{120}{50} & \frac{120}{60} & \frac{120}{70} & \frac{120}{80} & \frac{120}{90} \\
\frac{80}{10} & \frac{80}{20} & \frac{80}{30} & \frac{80}{40} & \frac{80}{50} & \frac{80}{60} & \frac{80}{70} & \frac{80}{80} & \frac{80}{90} \\
\frac{20}{10} & \frac{20}{20} & \frac{20}{30} & \frac{20}{40} & \frac{20}{50} & \frac{20}{60} & \frac{20}{70} & \frac{20}{80} & \frac{20}{90} \\
\frac{60}{10} & \frac{60}{20} & \frac{60}{30} & \frac{60}{40} & \frac{60}{50} & \frac{60}{60} & \frac{60}{70} & \frac{60}{80} & \frac{60}{90} \\
\frac{40}{10} & \frac{40}{20} & \frac{40}{30} & \frac{40}{40} & \frac{40}{50} & \frac{40}{60} & \frac{40}{70} & \frac{40}{80} & \frac{40}{90}
\end{pmatrix}
$$

$$
= \begin{pmatrix}
4.00 & 2.00 & 1.33 & 1.00 & 0.80 & 0.67 & 0.57 & 0.50 & 0.44 \\
12.00 & 6.00 & 4.00 & 3.00 & 2.40 & 2.00 & 1.71 & 1.50 & 1.33 \\
8.00 & 4.00 & 2.67 & 2.00 & 1.60 & 1.33 & 1.14 & 1.00 & 0.89 \\
2.00 & 1.00 & 0.67 & 0.50 & 0.40 & 0.33 & 0.29 & 0.25 & 0.22 \\
6.00 & 3.00 & 2.00 & 1.50 & 1.20 & 1.00 & 0.86 & 0.75 & 0.67 \\
4.00 & 2.00 & 1.33 & 1.00 & 0.80 & 0.67 & 0.57 & 0.50 & 0.44
\end{pmatrix}
$$

4.3.4　机床与零件匹配

按表4-5的要求从矩阵中优选出最佳的匹配关系，其他舍去，这样在矩阵的前3行保留$1.33 \leqslant C_p \leqslant 1.67$之间的值，后3行保留$1.67 < C_p$的值。对于舍去的较大工序能力指数值用“+”号代替，较小的工序能力指数值用“-”号表示。得到下面满足匹配关系的矩阵$[C_p]$为

$$
[C_p] = \left[\frac{T}{B}\right] = \begin{pmatrix}
+ & + & 1.33 & - & - & - & - & - & - \\
+ & + & + & + & + & + & + & 1.50 & 1.33 \\
+ & + & + & + & 1.60 & 1.33 & - & - & - \\
2.00 & - & - & - & - & - & - & - & - \\
6.00 & 3.00 & 2.00 & - & - & - & - & - & - \\
4.00 & 2.00 & - & - & - & - & - & - & -
\end{pmatrix}
$$

4.3.5　确定机床与零件最佳匹配方案

按CNC机床数不超过4台的要求，确定CNC机床与零件的最佳匹配备选方案，见表4-7。

表4-7　机床与零件工序最佳匹配备选方案

机床代号	A	B	C	D	E	F	G	H	J
方案1	a2/b2/c2		a1			c1			b1
方案2	a2/c2		a1/b2			b1/c1			
方案3	a2	b2/c2	a1/c1						b1

经检验，方案 1 和方案 3 的 CNC 机床数为 4 台，而方案 2 的 CNC 机床数为 3 台，且能保证 3 台机床实现均衡生产，因此方案 2 为最佳匹配方案，满足现场加工要求。最佳方案的矩阵式 $[C_p]^*$ 为

$$[C_p]^* = \begin{pmatrix} + & + & 1.33 & - & - & - & - & - & - \\ + & + & + & + & + & 2.00 & - & - & - \\ + & + & + & + & + & 1.33 & - & - & - \\ 2.00 & - & - & - & - & - & - & - & - \\ + & + & 2.00 & - & - & - & - & - & - \\ 4.00 & + & - & - & - & - & - & - & - \end{pmatrix}$$

最佳匹配关系见表 4-8。最终确定由 3 台 CNC 机床（A、C、F）组成一个 FMC，完成规定的加工任务。图 4-3 所示为选定方案的 FMC 现场平面图。零件坯件由自动导向小车运到上料口处，由装卸机器人将坯件放到暂存区。之后，FMC 的物流运输系统负责零件在站内加工全过程的物流任务。加工后的零件放到下料暂存区，由装卸机器人将加工完的零件装到自动导向小车上运走。

表 4-8　柔性制造单元 CNC 与零件最佳匹配方案

机床代号	A	B	C	D	E	F	G	H	J
方案 2	a2/c2	-	a1/b2	-	-	b1/c1	-	-	-

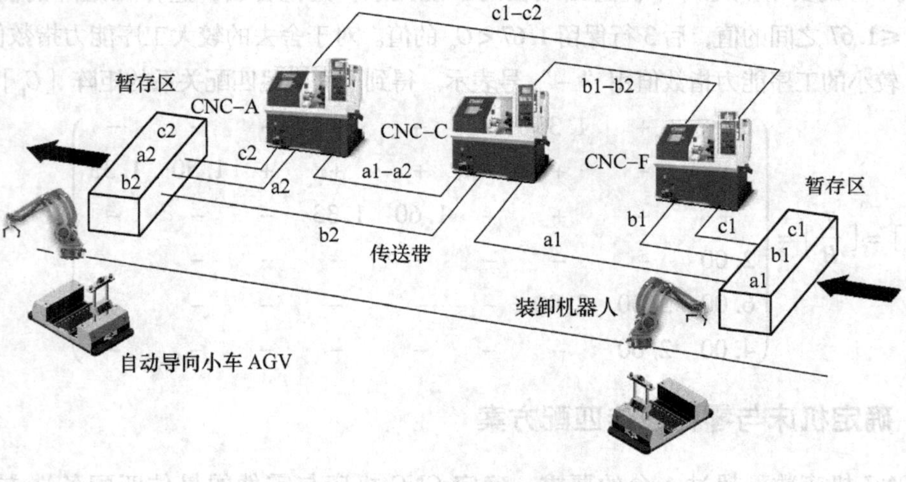

图 4-3　选定方案 FMC 现场组成图

4.4　FMC 工序能力分析中应注意的问题

1. CNC 机床在机械加工工艺系统中的地位

CNC 机床是对零件进行加工的主要设备，在工艺系统中起主要作用。机床的工序能力

一般由机床装备制造企业在出厂前予以保证，使用机床的企业很难对机床的性能作进一步改进。而工艺系统的其他组成部分，比如夹具、量具和工具等，都可以根据加工过程进行再造和改进。相对于机床来说，它们在工艺系统中处于次要地位。因而强调工艺系统的工序能力，主要是讲 CNC 机床的工序能力。

2. CNC 机床的工序能力与购置成本的关系

CNC 机床的精度高低与购买的机床的购置成本成正比。机床的精度越高，其工序能力也越高，当然购置成本也越高。同类 CNC 机床中，高精度的机床就要比普通精度等级的机床贵。在使用机床时，其加工成本也不一样，精度越高的机床，加工成本也越高。这就是本例中，确定最佳机床与零件匹配方案时，尽量选用较少的机床数量，取工序能力指数小的原因，目的是在保证加工质量的前提下，尽量降低加工成本。

习　题

4-1　以车削为例，说明车削加工是如何实现的，并总结出金属切削加工的特点。

4-2　机床的含义是什么？我国是如何分类的？在工艺系统中，机床处于何种地位？

4-3　什么是工艺系统原始误差，它与工艺系统的工序能力有何关系？

4-4　工序能力和工序能力指数是一回事吗？两者有什么关系？

4-5　阅读 CNC 机床与零件组之间的匹配过程，总结一下 CNC 机床与零件在 FMC 中最佳匹配的过程和分析步骤。

4-6　在生产现场考察设备与零件的加工组合，应用本章实例的分析方法，判断其安排是否合理，是否有需要改进的地方。

第5章 柔性制造单元

柔性制造单元是一种简易的柔性制造系统，由于经济性好，符合中小企业组织柔性化生产的需要，目前正在普及和推广应用，给企业带来了可观的效益。

本章重点介绍柔性制造单元的组成，并通过实例介绍柔性制造单元的最佳布置。

5.1 柔性制造单元的概念

5.1.1 柔性制造系统发展情况

柔性制造系统 FMS 自 20 世纪 70 年代发展至今，在日本、美国、英国和法国等发达国家，已经获得广泛应用。自 1986 年开始，我国也有企业从国外引进柔性制造系统，目前正在发挥着作用。

柔性制造系统经过几十年的应用实践，本应向柔性制造工厂 FMF 的方向发展。但是进入 20 世纪 90 年代，出现了新的发展趋势。这种发展方向的转变主要是受制于系统的经济性。由于柔性制造系统的建造，需要企业具有相当丰厚的资金和技术力量的投入，从而使得一般企业很难接受，限制了柔性制造系统的发展，也影响到这门技术的普及与应用。可见，建造柔性制造系统就意味着高投资，如果盲目上马，一旦决策失误，损失巨大，将使企业陷入困境，甚至破产，一般企业是不会冒这个险的。因此，推广和应用先进制造技术不能脱离科学技术的可行性和社会的物质支撑能力。柔性制造技术在历史的进程中，科学合理地改变发展趋势是正确的。目前，柔性制造系统主要在以下几个方面获得了进展：

1. FMC 的大力发展

柔性制造单元（FMC，Flexible Manufacturing Cell）是 20 世纪 90 年代以后发展起来的简易柔性制造系统，由于其具有投资少、柔性高的特点而得到了充分的发展。经过这些年的应用，FMC 已经深受企业，特别是中小企业的欢迎。应用 FMC 的企业也获得了可观的效益。FMC 是属于小型化、经济型的柔性制造系统。功能介于单台数控机床与柔性制造系统之间，很容易形成一个独立的生产线或生产线的一个组成模块，而且投资少，加工对象变化范围大，同时，从模块化逐步提高生产过程的柔性化与自动化水平角度看，FMC 是更为理想的自动化模块。

2. 将已开发成功的柔性加工原理应用到其他制造领域中

一般来说，柔性制造系统主要集中在加工领域里，但近年来已经扩展到了其他领域，如柔性装配系统、钣金加工系统等。焊接、检验、铸造等方面也引入了柔性加工原理，以形成准柔性制造系统。柔性制造系统的横向推广使用，无疑为扩大柔性制造系统的影响力和技术本身的发展，提供了更为广阔的空间。

3. 对传统加工方式进行柔性化改造

自建国以来，我国制造业经历了不同的发展阶段。企业所使用的大量设备中，普通机床在数量上占绝对多数。这种情况在中小企业中更为普遍，普通机床至今依然是零件加工的中坚力量。普通机床的加工范围较广，有利于提高加工柔性，但普通机床的生产效率低，给企业创利带来困难。企业中采用的专用机床或刚性生产线，生产率高，可柔性差，又不适合当今的生产形势。因此对这些设备或生产线在现有条件下进行柔性化改造，是企业为提高生产能力而作出的必然选择。

5.1.2 柔性制造单元的含义

柔性制造单元FMC由2~4个CNC机床（或加工中心）组成，它们之间由自动物料传输系统连接起来，加入在线检测装置，并由计算机控制而形成的一个小型、廉价的柔性制造系统。

在FMC中，CNC负担零件的加工任务；自动物料传输系统负责将坯件或半成品从输入口送到第一台CNC机床上进行加工，同时负责物料在CNC机床之间的传输以及加工结束后，将零件送到输出口；在线检测装置担负整个系统状态监视与零件加工检测任务；系统中的计算机实现对整个系统的控制。

5.2 柔性制造单元的组成

5.2.1 FMC加工模块

FMC加工模块由多台CNC数控机床组成。对于回转体类零件组，可以采用以车削为主的车削FMC；对于非回转体零件组，采用以钻、镗为主的钻镗FMC；也可以辅以其他加工方式，如车削FMC中可以有端铣或钻削、攻螺纹加工。这些CNC机床统一由计算机控制，自动完成加工过程。图5-1所示为加工模块中常用的各类CNC机床。

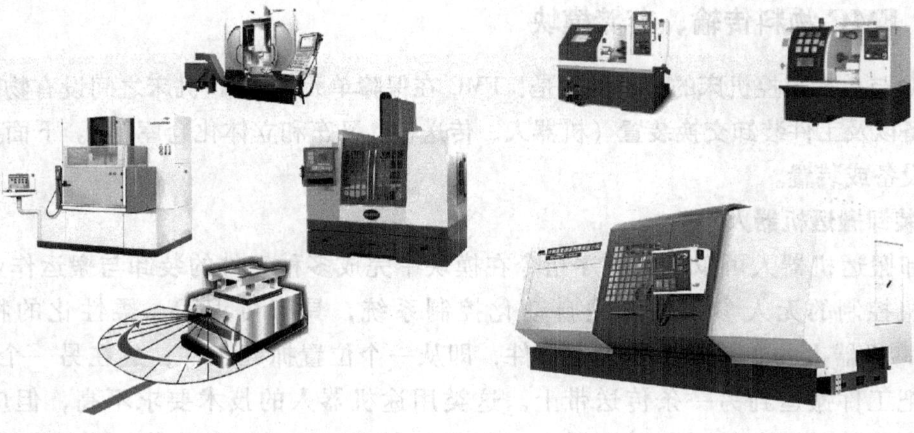

图5-1 各类CNC机床

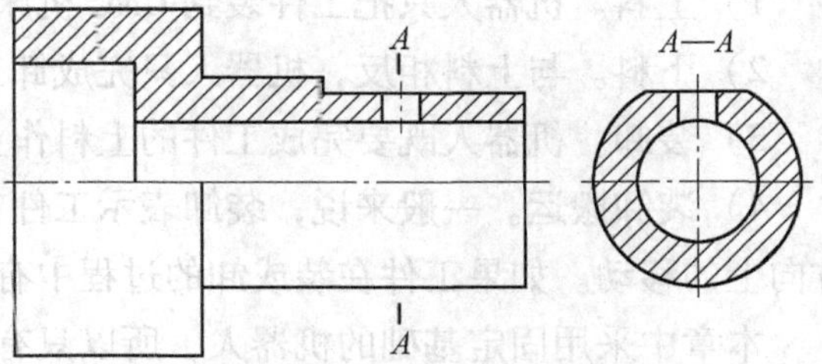

图5-2 复合零件图

图5-2所示为待加工零件组的复合零件图。其加工过程有车一端、调头车另一端、铣平面和钻孔。因此要选择以车削为主兼有铣削、钻削的CNC机床，具体安排如图5-3所示。图5-3a所示为零件组的工序简图，表明零件组在加工中要经过三次安装，完成

工序全部加工任务；图 5-3b 所示为对应每次安装选择的 CNC 机床，即两台车削 CNC 机床和一台铣削 CNC 机床，组成 FMC 加工模块。

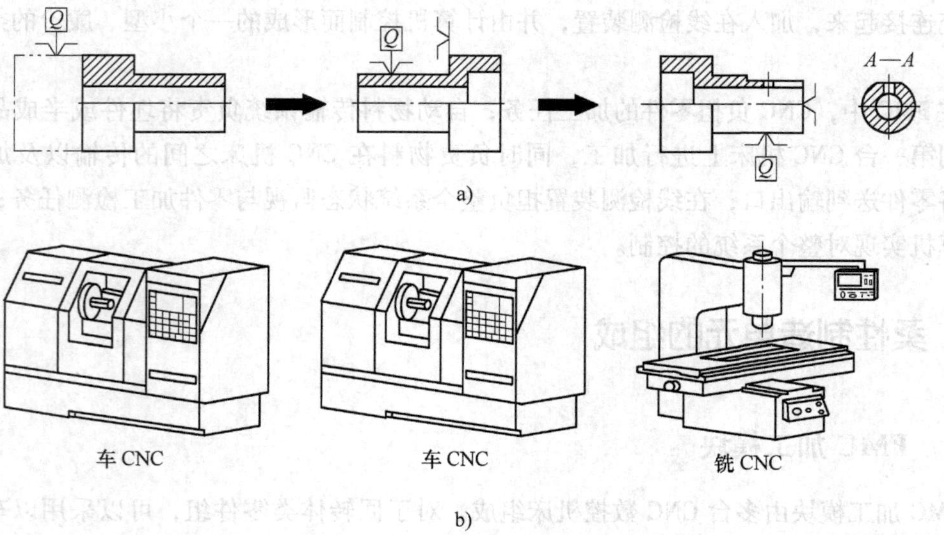

图 5-3 FMC 加工模块的选择

a）复合零件工序简图 b）选择的 CNC 机床

5.2.2 FMC 物料传输、存储模块

FMC 与单台数控机床的显著区别是：FMC 在保障单元与 CNC 机床之间设有物料传输与存储设备以及工件装卸交换装置（机器人、传送带、叉车和立体化仓库等）。下面介绍其中的主要设备或装置。

1. 装卸搬运机器人

装卸搬运机器人可以根据程序指令在模块中完成多种工件的装卸与搬运作业。它是由计算机控制的无人参与的自主自动化控制系统，具有可编程、柔性化的特点。在 FMC 中，机器人的主要任务是搬运工件，即从一个位置抓起工件，放在另一个位置上，也可以把工件搬运到另一条传送带上。这类用途机器人的技术要求不高，但应用都很成功，大多数采用有限顺序型机器人。它们一般只有 2～5 个关节，常用气动方式驱动。其工作情况有：

1）上料。机器人只把工件装到 CNC 机床上，由其他装置完成卸工件的任务。

2）下料。与上料相反，机器人只完成卸工件作业，而上料由其他装置完成。

3）装卸。机器人既要完成工件的上料作业，也要完成工件的下料作业。

4）装卸搬运。一般来说，装卸表示工件在垂直方向上的移动，而搬运代表工件在水平方向上的移动。如果工件在装或卸的过程中有水平运动，就可以称为装卸搬运了。

本章中采用固定基础的机器人，所以只有上面的前三种情况。图 5-4 所示为采用固定基础的装卸机器人。

机器人模拟人的最显著特征是臂和手爪。机器人和机械手不同，机械手只是人手和臂的延伸物，没有自主能力，即无柔性，只能附属于主机设备，进行动作简单、固定重复且定位点不变的操作；而机器人则是有独立机械和控制系统，具有自主性高、运动复杂、工作自由度多、操作程序可变、可任意定位等特点的自动化操作机。由于FMC要求具有柔性，因此在FMC中多采用装卸机器人。通常，装卸机器人由机械手臂、手爪、移动器、传感器和控制硬软件组成。一般的机器人有稳固的机座，基础与基座之间紧固相连，保持机器人有一个确定的位置。机器人的结构类型如图5-5所示。图5-5a所示为笛卡儿坐标型机器人，机器人的臂可在其上作上下运动，杆件间可以正交、相对线性滑动；图5-5b所示为圆柱坐标型机器人，这种结构的机器人有一立柱，机器人的臂既可以作线性滑动，也可绕圆柱轴作转动；图5-5c所示为极坐标型机器人，它有一个滑动臂，两个转动关节，可实现既有移动又有转动的情况；图5-5d所示为关节型机器人，它与人的手臂极为相似，可以模仿人手臂的动作。对装卸机器人的要求主要有控制分辨率、定位精度和重复定位精度等。

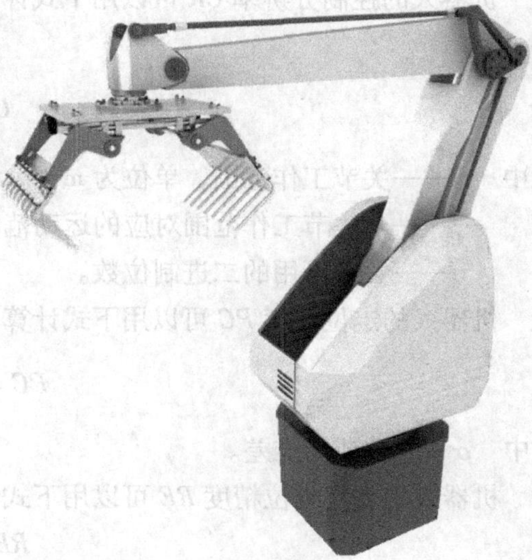

图5-4　固定基础的装卸机器人

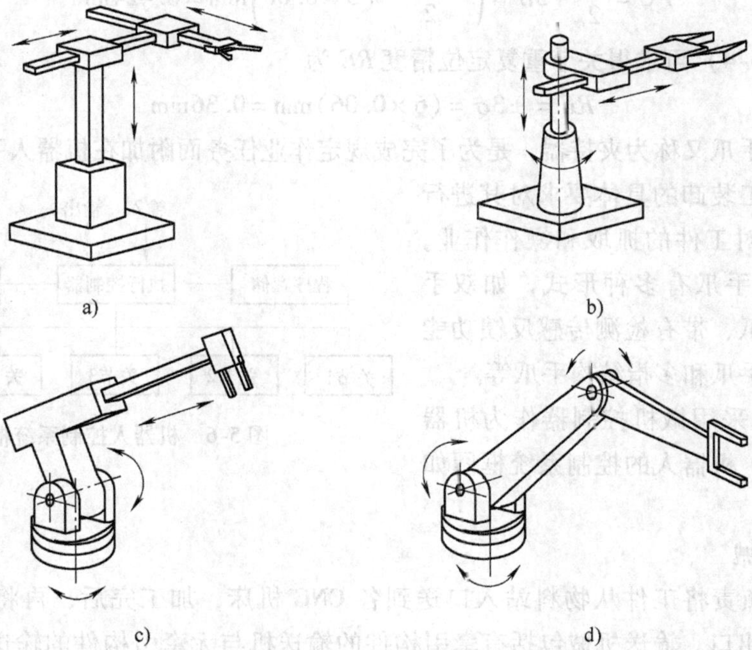

a)　b)　c)　d)

图5-5　装卸机器人的类型

a）笛卡儿坐标型　b）圆柱坐标型　c）极坐标型　d）关节型

机器人的控制分辨率 CR 可以用下式计算：

$$N = 2^n \tag{5-1}$$

$$CR = \frac{J}{2^n} \tag{5-2}$$

式中 N——关节工作范围，单位为 m；

J——与关节工作范围对应的运动范围，单位为 m；

n——关节可用的二进制位数。

机器人的定位精度 PC 可以用下式计算：

$$PC = \frac{CR}{2} + 3\sigma \tag{5-3}$$

式中 σ——关节标准差。

机器人的重复定位精度 RE 可以用下式计算：

$$RE = \pm 3\sigma \tag{5-4}$$

例 5-1 某机器人的单关节运动范围为 0.5m，关节可用的二进制位数为 10，其机构误差服从正态分布，标准差为 0.06mm，并假定该误差在各方向上分量相同，试求该机器人关节控制分辨率、定位精度和重复定位精度。

解：由 $n=10$，利用式（5-2）求得的关节控制分辨率 CR 为

$$CR = \frac{J}{2^n} = \left(\frac{500}{1024}\right)\text{mm} = 0.4883\text{mm}$$

利用式（5-3）可求得关节的定位精度 PC 为

$$PC = \frac{CR}{2} + 3\sigma = \left(\frac{0.4883}{2} + 3 \times 0.06\right)\text{mm} = 0.424\text{mm}$$

利用式（5-4）可求得关节重复定位精度 RE 为

$$RE = \pm 3\sigma = (6 \times 0.06)\text{mm} = 0.36\text{mm}$$

机器人的手爪又称为夹持器，是为了完成规定作业任务而附加在机器人手腕上的专用装置。要根据加工装卸的具体要求对其进行设置，以完成对工件的抓取和操作作业。目前机器人的手爪有多种形式，如双手爪、互换性手爪、带有检测传感反馈功能的手爪、快换手爪和多指结构手爪等。

在 FMC 中采用微机控制器作为机器人的控制系统。机器人的控制系统框图如图 5-6 所示。

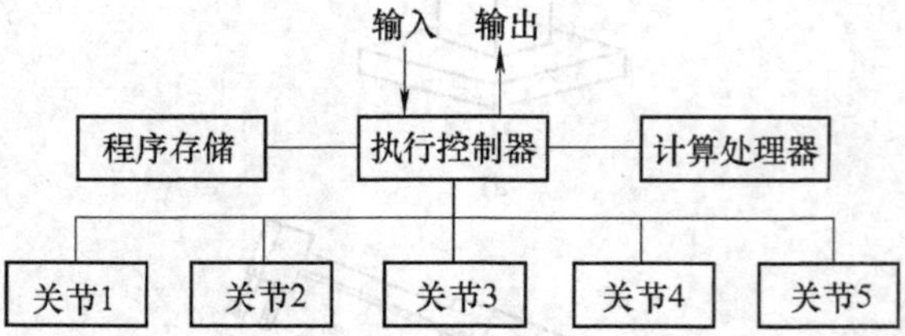

图 5-6 机器人控制系统框图

2. 输送机械

输送机械负责将工件从物料站入口送到各 CNC 机床，加工完后，再将工件送到下一 CNC 机床或站出口。输送机械包括有牵引构件的输送机与无牵引构件的输送机。有牵引构件的输送机械有带式输送机、链板输送机、刮板输送机、小车输送机、悬挂输送机以及斗式

输送机等多种；无牵引构件的输送机械有螺旋输送机、振动输送机、滚子输送机和气力输送机等。由于物料具有不同的特征，因此选用输送机时，要根据物料的不同特征选择不同类型的输送机械。表5-1给出了常用连续输送机的规格及用途。图5-7所示为输送机械类型，图5-8所示为在FMC中应用最广的两种传送带结构。

表5-1　常用连续输送机的规格及用途

项目		输送能力	输送物料	输送长度/m	特征
带式	移动式	30～300m³/h	成件	3～20	采用胶带作牵引，结构简单，输送量大
	通用式	41～3000m³/h		20～2500	
刮板式	普通型	34～100t/h	块状	20～120	以链条作牵引件，利用刮板沿着物料槽运动来输送物料，耐冲击
	弯曲型	40～700t/h			
	埋刮型	11～46m³/h			
斗式	外斗式	3～233m³/h	小块状	4～31	用胶带或链条作牵引构件，利用料斗在封闭箱内提升物料，实现物料垂直输送
	内斗式	25m³/h		6～29	
悬挂式	普通式	8～75kg	成件或部件	不限	采用链条作牵引构件，利用挂钩悬挂物件来进行立体空间输送，输送距离长
	推式	40～2000kg			
	地面式	320～1000kg			

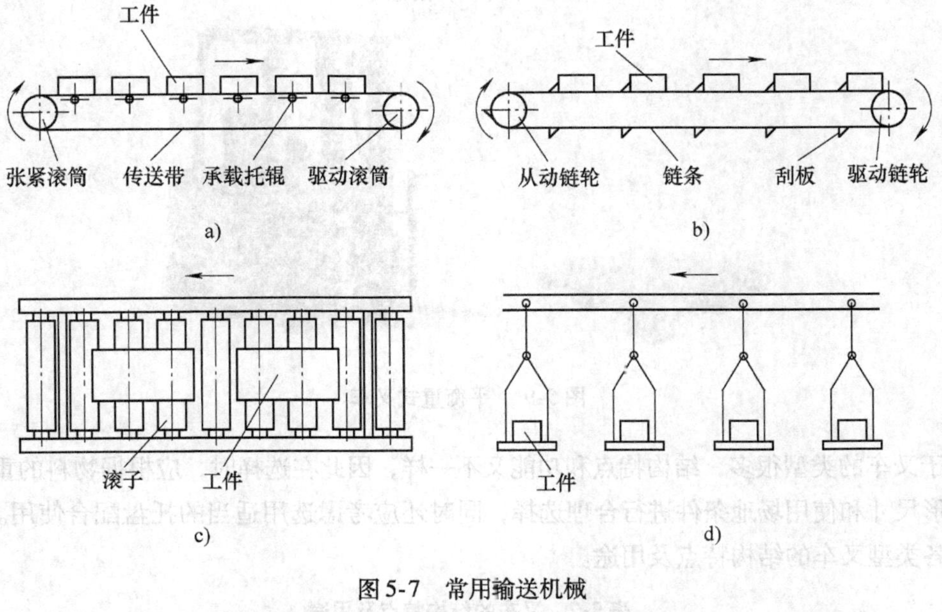

图5-7　常用输送机械

a) 带式　b) 刮板式　c) 滚轮式　d) 悬挂式

3. 叉车

叉车是一种用途广泛的装卸搬运设备，如图5-9所示，它具有操纵灵活、机动性强、转弯半径小、结构紧凑等特点。操作时劳动强度低，视野好，可提高生产效率。在FMC中，担负物料进入和物料离开的装卸搬运任务。

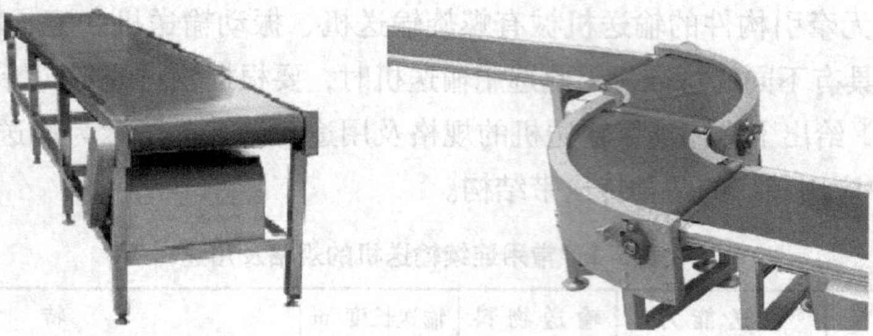

a)

b)

图 5-8　FMC 应用最广的传送带

a）带式　b）滚轮式

图 5-9　平衡重式叉车

由于叉车的类型很多，结构特点和功能又不一样，因此在选择时，应根据物料的重量、状态、外形尺寸和使用场地条件进行合理选择，同时还应考虑选用适当的托盘配合使用。表 5-2 列出了各类型叉车的结构特点及用途。

表 5-2　叉车的结构特点及用途

类　型	动　力	起重量/t	结构特点及用途
平衡重式叉车	内燃机或电动	0.5～40	在车架后部装有一块平衡重铁，与货叉上的重量相平衡，防止叉车装货后向前倾翻。应用最广，操作简单，机动性强，生产效率高。在 FMC 中应用最多

（续）

类　型	动　力	起重量/t	结构特点及用途
前移式叉车	电动	0.5～1	起重货架可以伸缩，在堆垛作业时，可以只伸货架而不伸支腿，适合狭小的场地装卸
插腿式叉车	手动	0.25～0.5	两条支腿升出在前面，使被举升的物料重心位于两条支腿之间，以此取得平衡。在FMC中作应急处理
侧面叉车	内燃机	3	货叉在叉车的侧面，适合运送长形物料

4. 自动化立体仓库

一般来说，FMC可以利用高效的自动化立体仓库，实现工件不落地流动。图5-10所示为有自动化立体仓库时FMC的物料输送情况。仓库内部的布局情况如图5-11所示。自动化立体仓库的主要设备有：

1）自动堆垛机。负责将物料从高层货架上取货到分拣台上，或从分拣台上将物料送到货架上。

2）链式输送机。负责将物料输送到入库站，等待用堆垛机将物料入库；或者将由堆垛机从货架上取下的、放在出库站处的物料运出，准备出库。

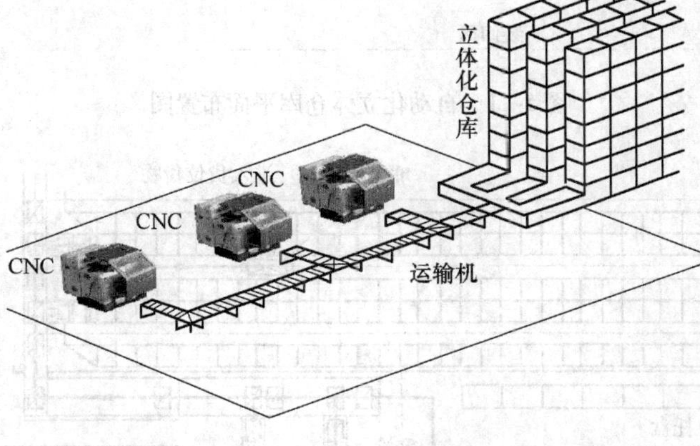

图5-10　有自动化立体仓库的FMC布局

当FMC与自动化立体仓库相连时，按图5-11的布局，就可以直接从立体仓库中取料上线加工，加工完后直接送回立体仓库。只有当立体仓库与FMC较远时，中间才加入叉车搬运环节。其入库的作业流程如图5-12所示。简单介绍如下：

1）把FMC加工完的零件装到托盘上。

2）把工件号及数量工票贴在托盘上的工件上。

3）用叉车把放有工件的托盘运至仓库输入传送带上。

4）输入传送带载着托盘向货态检测部的方向自动移动。

5）在货态检测部对托盘和其上的工件进行货态检查。读取贴在托盘侧面上的工票数据。通过后，托盘停在“入库设定位置”。当确定托盘由几号机入库的信息后，托盘向入库主线合流，托盘到达入库站后，等待进入货位。

6）群管理控制盘接到来自物流管理计算机的进入货位的指令后，向堆垛机的控制盘发出托盘入库指令，工件就被自动搬运到自动堆垛机上。

7）堆垛机把托盘送入指定货位。

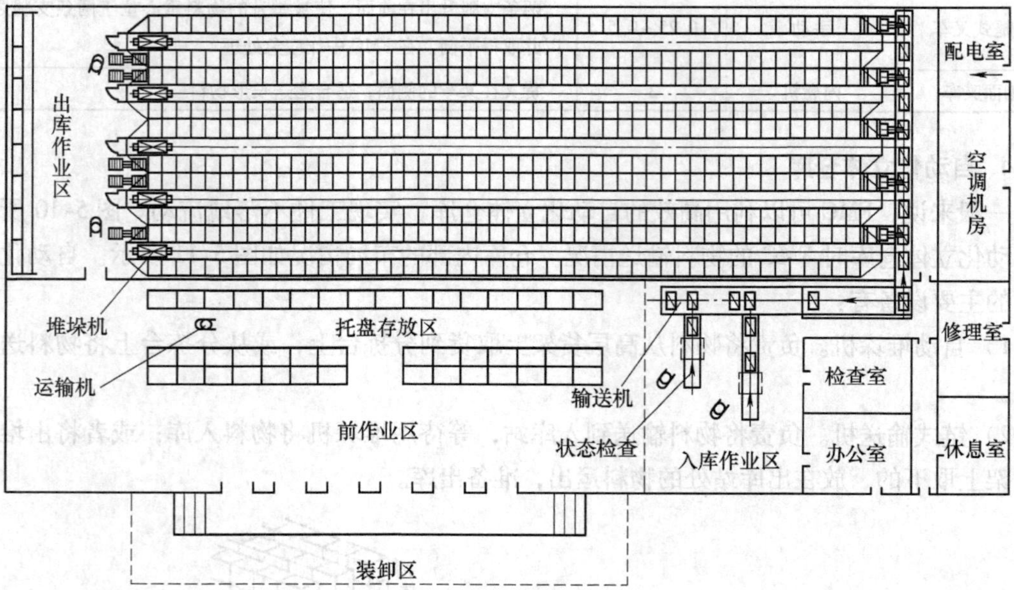

图 5-11　自动化立体仓库平面布置图

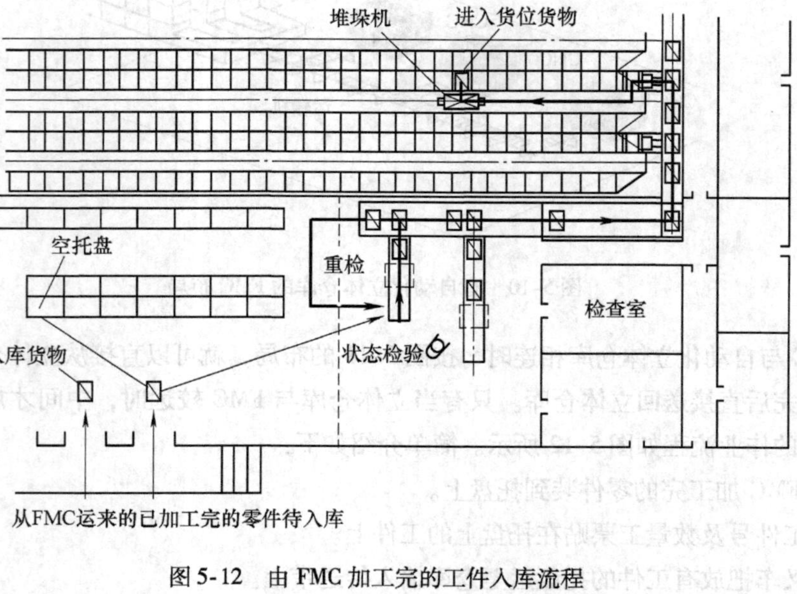

图 5-12　由 FMC 加工完的工件入库流程

出库的作业流程如图 5-13 所示，简单介绍如下：

1）收到 FMC 加工指令。

2）按先进先出原则对在库和出库的货位进行查询处理，并打印出库指示一览表和

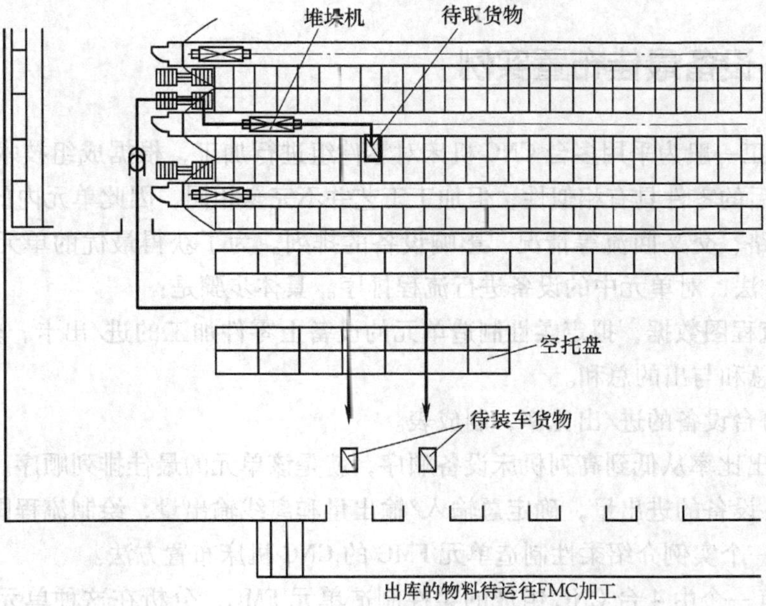

图5-13　准备进入FMC加工的工件出库流程

发货明细表。

3）根据出库指令，制作出库计划文件，并按机号打印出应取货的货位一览表，发货记录票上记载机号、托盘号、订单号、制品和数量等数据。

4）向群管理控制盘发出出库指令。

5）群管理控制盘对堆垛机地上控制盘发出出库指令。

6）堆垛机从指定的货位取出托盘，并搬运到移动台车上。

7）移动台车自动行走至出库站。

8）叉车把托盘从移动台车上取下来，送到指定的发货口。

9）在发货口待命的司机根据发货明细表和发货记录单，按指示数量从托盘上把物料取出，并装入卡车的车厢中，将加工用的物料运至FMC入口处。

5.2.3　FMC可编程模块

为适应工件的变化，FMC是一个计算机可编程系统，可在线编程或离线编程，可手工编程也可以采用计算机自动编程（CAD/CAM NC编程）。具体做法可参看4.2.8工作站CNC机床编程一节。

5.2.4　FMC自动检验、监视模块

可以完成刀具检测、工件在线（机）测量、刀具破损或磨损检测和机床保护监视等。具体内容与柔性制造系统的要求一致，只是检测与监视设备相对柔性制造系统而言要简单一些，这里不作介绍了。

5.3 FMC 设备最佳布置实例

FMC 的加工一般为采用多台 CNC 机床对零件组进行加工，根据成组技术按单元进行制造。虽然成组后的零件具有相似性，但加工工艺并不完全相同，因此单元内的设备之间物料的流动呈现多路、交叉回流等情况，影响设备的排列。为了获得最优的单元布置，可采用进/出卡分析方法，对单元中的设备进行流程排序。具体步骤是：

1）依据流程图数据，拟定柔性制造单元的设备上零件加工的进/出卡，然后按进/出卡分别计算进的总和与出的总和。

2）确定每台设备的进/出比率，制成表。

3）按进/出比率从低到高列机床设备顺序，就是该单元的最佳排列顺序。

4）平衡各设备的进出量，确定总输入/输出量和离线输出量，绘制流程图。

下面结合一个实例介绍柔性制造单元 FMC 的 CNC 机床布置方法。

例 5-2 有一个由 4 台 CNC 组成的柔性制造单元 FMC，分析在这种单元机床上加工成组零件的流程数据后，得到表 5-3 所示的进/出卡，进/出总和统计表见表 5-4，进/出比率表见表 5-5。

表 5-3 进/出卡 （单位：千件）

出（From）单元机床号	进（To）单元机床号			
	1	2	3	4
1	0	5	0	25
2	30	0	0	15
3	10	40	0	0
4	10	0	0	0

表 5-4 进/出总和表 （单位：千件）

出（From）单元机床号	进（To）单元机床号				出的总和
	1	2	3	4	
1	0	5	0	25	30
2	30	0	0	15	45
3	10	40	0	0	50
4	10	0	0	0	10
进的总和	50	45	0	40	135

表 5-5 进/出比率表

机床号	进/件	出/件	进/出比率	排序	机床号	进/件	出/件	进/出比率	排序
1	50	30	1.67	Ⅲ	3	0	50	0	Ⅰ
2	45	45	1.00	Ⅱ	4	40	10	4.00	Ⅳ

按表 5-4、表 5-5，则该柔性制造单元中的设备应按下列顺序排列：

3 号机床 → 2 号机床 → 1 号机床 → 4 号机床

即，大多数输入件的工艺流程按“③→②→①→④”的顺序流动。虽然成组工艺中零件的加工工序是相似的，但也有一些差别，因此不可避免地要有一些回流现象和中途离线的状况。但是按上述排序的结果，可以产生最少的回流现象和中途离线输出。最后，平衡各设备的进/出量，使其进的总和等于出的总和。平衡结果如图 5-14 所示，回流率为

$$回流率=总回流量/总进入量=\frac{5+10}{50+45+0+40}\times100\%=11.1\%$$

FMC 的现场布置根据图 5-14 所示的设备最佳排序进行，把 FMC 加工模块中的 4 台 CNC 按主线一字排列；物料传输采用传送带。遇有交叉时，其中一条传送带垂直传送越过；可编程模块的计算机站放在一角。自动检验、监视模块在设备上，图中无法直观表现。图 5-15 所示为柔性制造单元的现场布置简图。当零件组的生产改变时，按上述的方法重组 FMC 即可。

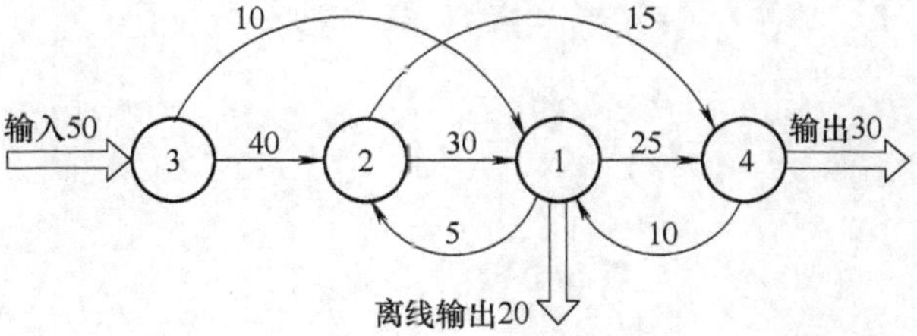

图 5-14　柔性制造单元设备最佳排序

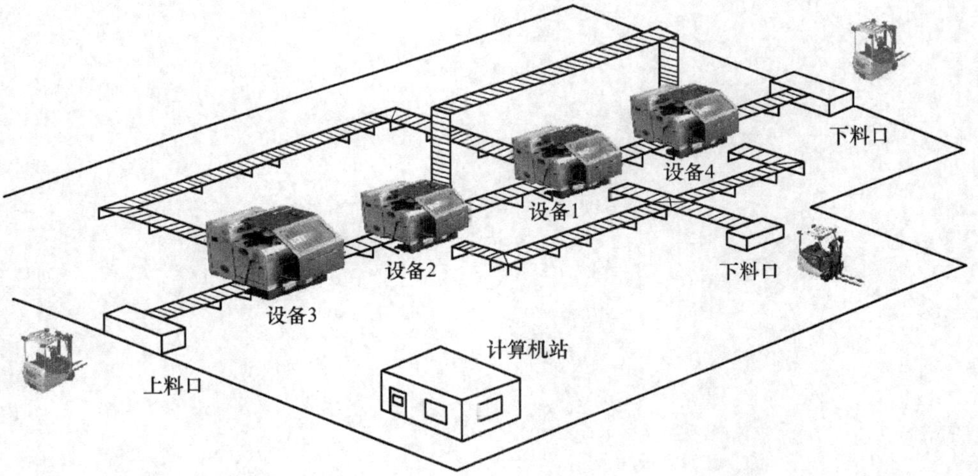

图 5-15　柔性加工单元 FMC 现场布置图

习　题

5-1　对柔性制造系统发展产生重大影响的是什么因素？

5-2　20 世纪 90 年代之后，柔性制造系统在哪些方面有了新发展？

5-3　是什么原因使得柔性制造单元受到企业的欢迎？

5-4　柔性制造单元有哪些组成部分？

5-5　参照例 5-2 自行建立一个进/出卡，看看 FMC 的布置情况。

第 6 章 柔性装配线

装配是机械制造工艺过程中的一个重要环节，是物料流、资金流、信息流和误差流最后集成的阶段，也是达到产品的功能、性能和质量的最后制造阶段。因此，装配在机械制造业中占有重要地位。由于装配作业对人的感知、技艺和经验的依赖性较强，至今装配过程的自动化程度还很低，许多较为复杂、重要的装配过程仍以手工装配为主，装配自动化主要是局部自动化。

本章结合企业订单生产实际，介绍重组柔性装配线、提高作业效率的具体做法。

6.1 装配线基础知识

6.1.1 装配的概念

任何机械产品都是由许多零件和部件组成的。零件是构成机械产品的最基本单元。根据规定的技术要求，将零件或部件进行配合与连接，之使成为半成品或成品的工艺过程称为装配。

装配过程的活动单元称为装配作业。装配作业的过程是通过时间上有序的操作活动，在规定的约束下，把空间上位形无序的、彼此没有联系的、分立的零件或部件，组合成位形有序、彼此联系、能完成一定功能、达到一定性能指标要求的新整体的装配作业集合。装配具有以下特征：

（1）装配要按步骤进行 如果用若干个零件配合、连接在一起，使其成为机械产品的某一组成部分的装配过程，我们就称为是部件装配，简称部装；如果把零件和部件进一步装配成最终产品，我们就称为是总装。一般来说，装配的过程是先部装，后总装。图 6-1 所示为汽车发动机的装配过程。图 6-1a 所示为一个汽车发动的箱体零件，零件是装配的最基本单元；图 6-1b 所示为装配完成的发动机，因发动机本身属于产品中的一个部件，则这个装配就是部装；图 6-1c 所示为发动机已经装在汽车上，且整车已全部装配完，形成了汽车这个产品，则这个装配就是总装。

a) b) c)

图 6-1 汽车发动机的装配过程

a）发动机零件 b）发动机部装 c）总装

（2）装配作业的层次性 常见的装配作业有连接、校正、调整、平衡、清洗、验收试验、油漆和包装等内容。其中连接是装配的主要工作内容。这些作业内容要在不同的作业层次中进行。所谓作业层次，是指装配中把直接进入产品装配的部件称为组件；把直接进入组件装配的部件称为第一级分组件；直接进入第一级分组件装配的部件称为第二级分组件；依此类推。机械产品结构越复杂，分组件的级数越多。这种关系我们称为产品树结构。图 6-2 所示为一支圆珠笔的产品树结构图。图中的方框代表一个产品、部件或零件，表示的是其代号、名称和数量。图中笔杆和笔芯是直接进入总装的部件，所以称为组件；芯杆是组件笔芯的下一级组件，称为第一级组件；同理，芯头就是第二级组件。树结构中其他的都是零件。零件是不分级的，可以根据需要直接参加各层次的装配。除了总装外，其他是不同级别的部件装配，如第一级分组件的部件装配等。

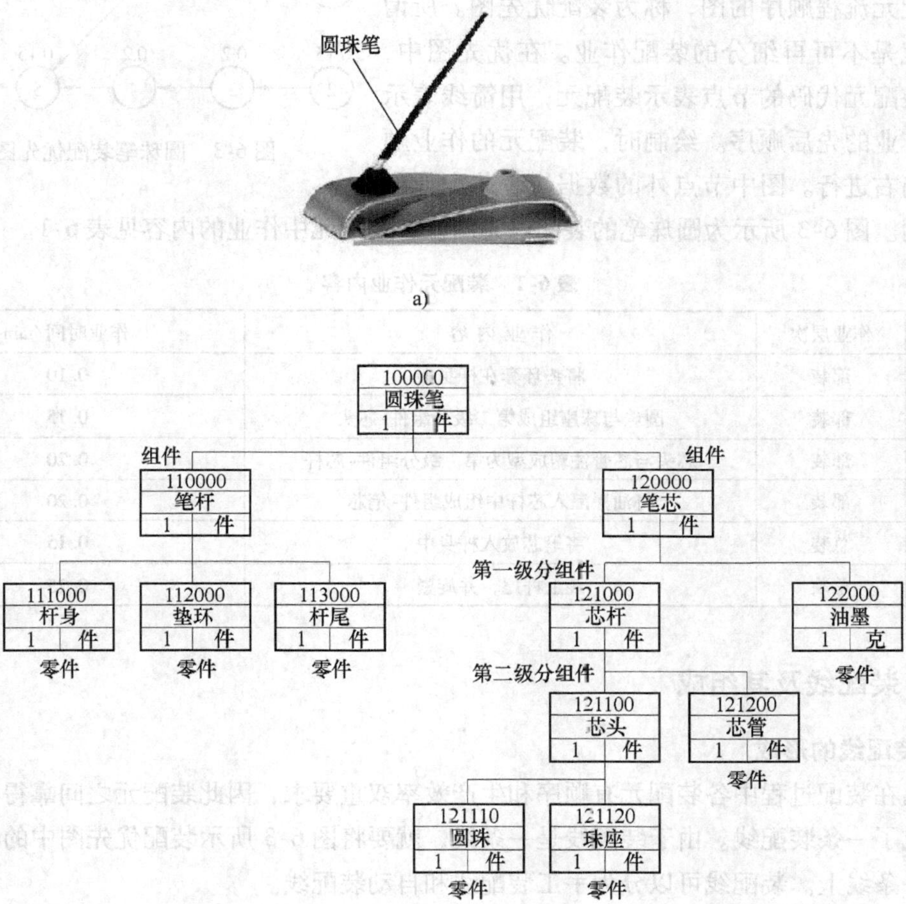

图 6-2　圆珠笔树结构图

（3）装配作业的有序性　装配过程是一个有序的过程，也就是说，产品或部件的装配受装配顺序的约束。比如在螺钉的配作连接时，要先钻孔、攻螺纹，然后才能完成螺钉的装配。因此，要求严格地按照前一个装配作业（称为先行作业）完成后，才能进行后一个装配作业（称为后继作业）的顺序组织装配过程。这种先行作业与后继作业之间的顺序关系称为优先约束。

（4）装配过程本质上属于项目工程的范畴　装配作业虽然从形式上看是一个批量生产的过程，但仔细观察一个产品的装配过程，就和完成一项工程项目一样，都是不可逆的生产活动。由图 6-2 所示的产品树结构图可以看出，装配先从最底层的零件开始，形成组件，再形成产品，是一个完整的工程活动。可以引用工程项目的图示法来直观地分析装配过程。

6.1.2 装配优先图的绘制

根据产品树结构图和优先约束条件，用图示法表达装配元流程顺序的图，称为装配优先图。所谓装配元就是不可再细分的装配作业。在优先图中，用标有装配元代码的节点表示装配元，用箭线表示装配元作业的先后顺序。绘制时，装配元的作业顺序从左向右进行。图中节点外的数据代表装配元的作业时间。图6-3所示为圆珠笔的装配优先图。各装配元中作业的内容见表6-1。

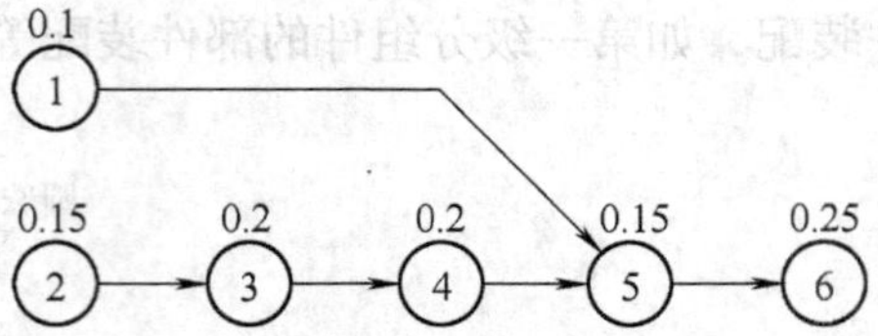

图6-3 圆珠笔装配优先图

表6-1 装配元作业内容

代号	作业层次	作业内容	作业时间/min
1	部装	将垫环套在杆身上	0.10
2	部装	圆珠与珠座组成第二级分组件-芯头	0.15
3	部装	芯头与芯管注塑成型为第一级分组件-芯杆	0.20
4	部装	将油墨灌入芯杆中组成组件-笔芯	0.20
5	总装	将笔芯放入杆身中	0.15
6	总装	装上杆尾，并旋紧	0.25

6.1.3 装配线及其组成

1. 装配线的形成

产品在装配过程中各装配元有顺序和生产效率双重要求，因此装配元之间靠得很近，就自然形成了一条装配线。由于装配线是一条线，就要将图6-3所示装配优先图中的各装配元转换到一条线上。装配线可以分为手工装配线和自动装配线。

（1）手工装配线 手工装配线由多个呈直线或环形排列的装配工作站和相应的操作者组成，主要用于完成产品的整个装配过程或组装部件的过程。每个工作站上有一个或多个装配工，完成规定的装配任务。手工装配线又称为手工装配流水线。手工装配线的主要优点是在装配线上完成装配作业的是经过专门训练的熟练工人，可以又快又好地完成装配任务。

（2）自动装配线 自动装配线指的是利用机械和自动化装置代替人工完成装配作业。近年来，自动化装配技术有了长足的进步，其典型的实例是装配机器人的应用。由于装配作业过程一般都十分复杂，自动化装配还很难代替手工装配，这就使得自动装配线往往带有局部自动化的性质，即局部装配采用自动装配，而其他装配依然由手工进行。

2. 装配线的形式

（1）刚性装配线 刚性装配线是按照装配工艺流程不变顺序地布置的装配线，其特征是：采用高效的自动化专用设备，生产率高。但无适应品种变化的能力，只适用于单一或少品种的大批大量生产中。这样的例子在轻工业、食品、卫生行业的产品包装中常见，如啤酒灌装线、食品和药品包装线等，而且多为自动装配线。

（2）柔性装配线　柔性装配线可以理解为装配线对外部因素变化的顺应性和对内部因素变化的适应性。顺应性指的是产品装配过程对市场需求变动的有效响应能力；适应性是指由于产品改变引起装配过程变化后的容错能力与装配的可靠性和稳定性。产品变化必然引起装配关系变化，装配线就要重组。刚性装配线因缺少这种适应能力，在变化的市场需求面前显得无能为力。因此现在的装配线有向柔性装配线发展的趋势。

当然柔性装配线还不可能达到完全柔性的程度。只能是在产品有限的品种范围内（几种至十几种之间），在产品具有较强相似性的前提下，形成柔性装配线。在构造柔性装配线时，要运用成组技术，对相似产品的装配过程进行相似性检验，确定具有相似产品的装配过程，可组成一组完备的产品装配组，在同一条柔性装配线上完成装配任务，这样可以大大降低柔性装配线的重组成本。

3. 装配线的组成

图6-4所示为装配线的组成情况。图中有一个上料区、一个成品区、三条传送带和两个选择器。选择器分为分拣器和合拣器两种，即分拣器将来料向两个方向传送；合拣器是将多个方向的来料向一个方向传送。传送带是在装配元作业时，在装配元之间顺序传送装配件。目前，选择器正在越来越多地由装卸机器人代替，这有利于提高装配线的柔性。如果是手工装配线，则操作者在传送带的两侧工作；如果是自动化装配，传送带的两侧可安装自动装配机。

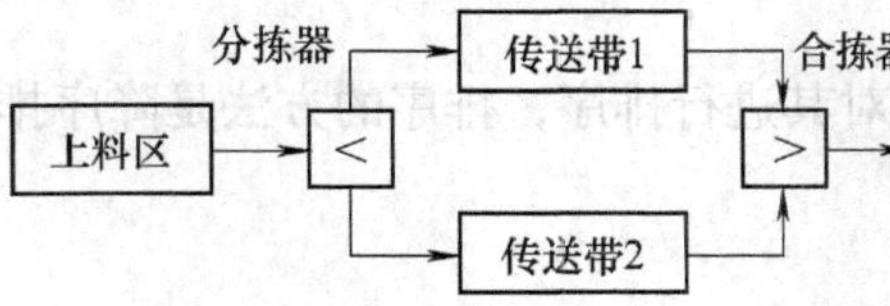

图6-4　装配线的组成

6.2　装配线的平衡

所谓装配线的平衡是指在满足优先约束的前提下，装配线上以工作站为单位所进行的装配作业时间，等于或接近于装配线的节拍时间，这样可使整条装配线获得较高的生产率。为此目的所作的改进过程称为装配线的平衡。装配线平衡的步骤和方法如下。

1. 确定装配生产节拍

装配线的生产节拍为一批产品装配所需的总时间和批量之比，即

$$T_c = \frac{MLT}{N} \tag{6-1}$$

式中　T_c——装配线生产节拍，单位为min；

MLT——批量为N的产品需要的总装配时间，单位为min；

N——产品批量，单位为台。

对于装配生产节拍有一个最小节拍的限制，即

$$T_c \geqslant \forall T_{ej} \quad (j=1,2,\cdots,n) \tag{6-2}$$

式中 $\forall T_{ej}$——任意一个装配元的作业时间，单位 min。

式（6-2）表明了装配生产节拍时间必须大于或等于任意一个装配元的作业时间。如果按产品交货期计算出的节拍时间小于装配元的作业时间，就要采取增加装配线的办法解决。

2. 根据产品树结构图，绘制装配优先图

产品树结构图是按产品的设计阶段的部件划分绘制的。在装配时会有些变化，因此按照不同的装配工艺要求进行处理，然后绘制成装配优先图。当产品中零件和部件的数量较多时，装配优先图可能会出现网络图形的情况，给装配线的平衡带来困难。

3. 计算装配元的阶位值

目前装配线平衡的方法中，以阶位值法（或称分级位置权重法）应用最为普遍。此方法是 Heigeson 和 Birnie 在 1961 年提出的，其含义是每个装配元的阶位值等于从该装配元开始直到最终装配元之间所经历的所有装配元作业时间之和，即

$$RPW = \sum_{i=1}^{ne} T_{ei} \quad (i = 1,2,\cdots,ne) \tag{6-3}$$

式中 RPW——装配元阶位值；

T_{ei}——装配元作业时间，单位为 min；

ne——经历的装配元个数。

4. 对装配元按阶位值进行排序

计算得到各装配元的阶位值后，要对其进行排序，排序的方法是降序排序，并将排序结果填入表格中，待平衡时使用。

5. 确定最少工作站数

装配工作站指的是在一个生产节拍内相互联系的装配元的组成单位，简称为工作站。在一个工作站内，可以有许多装配作业，但作业的总时间不能超过生产节拍。为便于进行装配线平衡，首先应确定出装配线最少的工作站数，即

$$S_{\min} = \frac{\sum_{i=1}^{n} T_{ei}}{T_c} \tag{6-4}$$

式中 $S_{\min}$——最少工作站数，取整为比计算结果大的最小整数；

$\sum_{i=1}^{n} T_{ei}$——单台产品装配总作业时间，单位为 min。

6. 分配工作站

分配工作站时，应按下列规则进行：

1）保证装配优先顺序，先分配先行作业，后分配后继作业。

2）在均可分配的装配元中，阶位值大者先进行分配。

3）对于分配到站内满足上述两个规则的装配元，若站内的累计作业时间超过了生产节拍，就要将其舍弃，再看下一个装配元是否满足不超时，若满足就分配，若不满足则舍弃。

当可能的装配元均不能向站内分配时，转向进行下一工作站的分配。

分配工作站一般采用表上作业法，用填表的方式进行。

7. 计算平衡损耗率

工作站分配结束后，要计算平衡损耗率。所谓平衡损耗率是检验平衡效果的指标，它表示的是各工作站空闲时间与工作站数和生产节拍的乘积之比，即

$$d = \frac{ST_c - \sum_{i=1}^{n} T_{ei}}{ST_c} \times 100\% \tag{6-5}$$

式中　d——平衡损耗率，较好的平衡结果应满足 $d \geqslant 15\%$；

S——工作站数。

6.3　柔性装配线最佳产出率的计算

柔性装配线重组是指在原装配线的基础上，不过多地增加投资，利用原有资源进行重新组合，获得一条满足订单要求的另一产品装配线的过程。为了使新装配线具有最大的产出率，重组时应引用最优化理论对其产出率进行优化，具体的优化过程如下。

1. 将原有的装配线绘制成网络图

图6-5是根据某条原生产现场的装配线绘制而成的网络图。图中的节点 V_i 代表装配线两条传送带之间的结合部，箭线代表一条传送带。箭线上方的数字代表该传送带的最大产出率，即传送带最大出产速率。

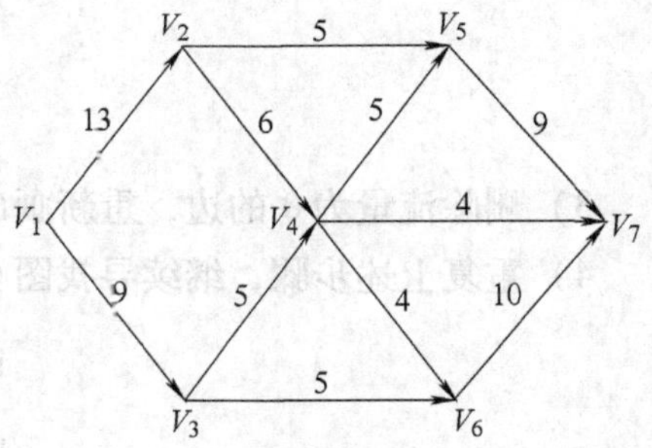

图6-5　原装配线网络图

2. 求解新装配线最大产出率的分析方法

假设网络图的入口 V_1 处有无限多的产品零部件等待装配，因此能否实现高产出率的装配，完全取决于装配线本身。从理论上说，这就是一个网络的最大流问题。所谓最大流是指在一定条件下，要求流过网络的物质流量值达到最大。为解决这个问题，需要引用运筹学中的最大流-最小割集定理（Maximum Flow - Minimum Cut Set Theory）。这一定理最早由T. E. 哈里斯提出，用来在一个给定的网络上寻求两点间最大运输量的问题。L. R. 福特和D. R. 富尔克森等人又给出了解决这类问题的算法，从而建立了网络最大流理论。下面作详细介绍。

（1）构成最大流问题的条件　构成网络最大流的条件有：

1）网络有一个起始点 V_1 和一个终点 V_n。

2）流过网络各边的流量具有一定的方向性。图中各边箭头所指方向，即为流量流动方向。网络图是一个有向网络图。

3）网络中的各边都赋予了允许流过的最大流量 b_{ij}，因此，实际流过的流量 x_{ij} 不允许超过 b_{ij}，即

$$0 \leqslant x_{ij} \leqslant b_{ij} \tag{6-6}$$

4）网络中，除起始点和终点外，流入任何一个节点的实际流量之和必须等于流出该节点的流量之和，即必须满足连续性定理。可用公式表示如下

$$\sum_i x_{ij} - \sum_i x_{ji} = 0 \qquad (6\text{-}7)$$

（2）求解最大流的图解法　图解法就是根据最大流问题的网络图来寻找从起始点 V_1 到终点 V_n 所允许流过的最大流量，其具体步骤是：

1）先从网络图的最外层开始找出从 V_1 到 V_n 的通路。

2）接着找出该通路中允许通过的最小流量，并从该通路中各边上减去最小流量值。

3）将上述具有最小流量的边删去，余下的重新画出网络图。

4）重复以上步骤，直到从 V_1 到 V_n 已无通路为止。

5）将以上所得的各通路最小流量值相加，即得到该网络的最大流量。

例 6-1　用图解法求图 6-5 所示网络的最大流。

解：

1）先从网络的最外层找出从 V_1 到 V_7 的通路，结果有两条通路

$$V_1 \xrightarrow{13} V_2 \xrightarrow{5} V_5 \xrightarrow{9} V_7$$

$$V_1 \xrightarrow{9} V_3 \xrightarrow{5} V_6 \xrightarrow{10} V_7$$

2）上面两条通路的最小允许流量均为 5，将其从两条通路中减去，得

$$V_1 \xrightarrow{8} V_2 \xrightarrow{0} V_5 \xrightarrow{4} V_7$$

$$V_1 \xrightarrow{4} V_3 \xrightarrow{0} V_6 \xrightarrow{5} V_7$$

3）删除流量为 0 的边，重新画出网络图，如图 6-6 所示。

4）重复上述步骤，继续寻找图 6-6 的最外层通路，结果有

$$V_1 \xrightarrow{8} V_2 \xrightarrow{6} V_4 \xrightarrow{5} V_5 \xrightarrow{4} V_7$$

$$V_1 \xrightarrow{5} V_3 \xrightarrow{5} V_4 \xrightarrow{4} V_6 \xrightarrow{5} V_7$$

两条通路的最小允许流量均为 4，从该两条通路中减去，得

$$V_1 \xrightarrow{4} V_2 \xrightarrow{2} V_4 \xrightarrow{1} V_5 \xrightarrow{0} V_7$$

$$V_1 \xrightarrow{0} V_3 \xrightarrow{1} V_4 \xrightarrow{0} V_6 \xrightarrow{1} V_7$$

删除流量为 0 的边，再重新画出如图 6-7 所示的网络图。

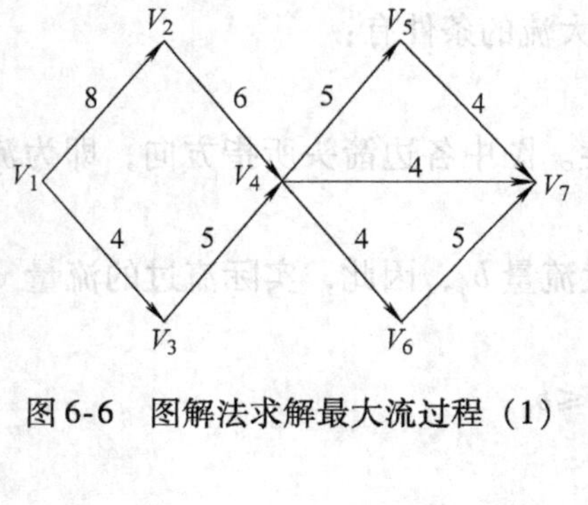

图 6-6　图解法求解最大流过程（1）

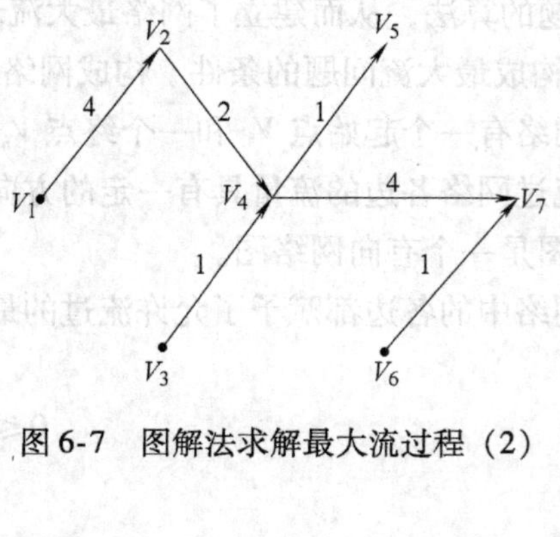

图 6-7　图解法求解最大流过程（2）

5）继续重复上述步骤，根据图6-7，这时从 V_1 到 V_7 的通路还有一条，即

$$V_1 \xrightarrow{4} V_2 \xrightarrow{2} V_4 \xrightarrow{4} V_7$$

上述的最小流量为2，从该通路中减去，得

$$V_1 \xrightarrow{2} V_2 \xrightarrow{0} V_4 \xrightarrow{2} V_7$$

重新画出网络图，如图6-8所示，此时从 V_1 到 V_7 已无通路可找。

6）将上述5条通路的最小允许流量值相加，得最大流量 f 为

$$f=5+5+4+4+2=20$$

从上述用图解法求网络流问题可知，其过程实质是找出流经网络最小流的割集，而最大流等于最小割流量。这一原理一般称作最大流-最小割定理。

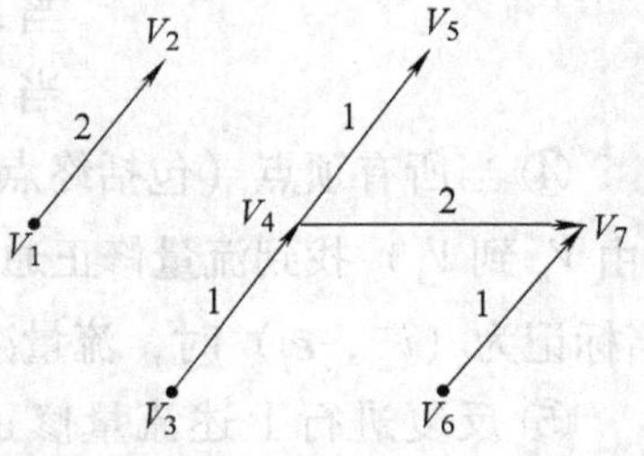

图6-8　图解法求解最大流过程（3）

（3）求解最大流的标记法　实际上，图解法仅是引出最大流-最小割的基本原理，而求解最大流的常用方法是标记法。仍以图6-5为例介绍标记法的求解步骤和方法。

例6-2　简述用标记法求图6-5所示网络的最大流的方法和步骤。

解：

1）标记法求解最大流的方法。

在图6-5所示的网络图上根据各边允许通过的流量来设定“初始可行流”，即在满足

$$0 \leqslant x_{ij} \leqslant b_{ij}$$

$$\sum_j x_{ij} - \sum_i x_{ji} = 0$$

的前提下，给网络图一个初步设定的各边通过的流量并标注在箭线下边的括号内，如图6-9所示。

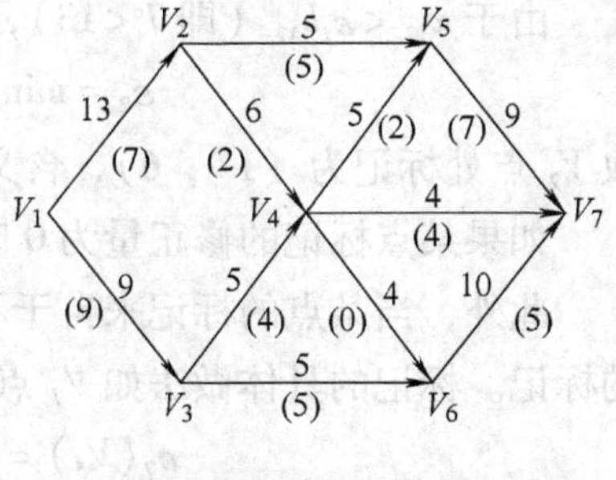

图6-9　标记法的网络初始可行流

为了找出最大流，要对初始可行流进行修正。在网络中，一般规定流向为正方向（指 $V_i \to V_j$，且序号 $i<j$）时，表示从 i 流到 j 的实际通过流量 $x_{ij} \leqslant b_{ij}$；反之逆方向（指 $V_j \to V_i$，且序号 $i<j$）时，表示 $x_{ji}>0$。用满足上述的边所组成的、由 V_1 到 V_n 的通路至少有一条存在，把这条路线称作流量修正路线。在这条路线中在 $x_{ij}<b_{ij}$ 的边上，可以加上一个修正量 ε；即 $x_{ij}+\varepsilon$；在 $x_{ji}>0$ 的边上，则要送去一个修正量 ε，即 $x_{ji}-\varepsilon$。为使所求结果达到最大值，修正量也尽量取大值，即取 $\varepsilon_{\max}$。这样有

正向流动时：　$\varepsilon_{\max} = b_{ij} - x_{ij}$　$(i<j)$

反向流动时：　$\varepsilon_{\max} = x_{ji}$　$(i<j)$

通过若干次的流量修正后，即可求得网络的最大流量。

2）标记法求解步骤。

① 先确定最大流网络图的初始可靠流。

② 在网络初始点 V_1 旁记上（$-\infty$，$+\infty$）标记，表示初始点不修正流量。

③ 依次确定除 V_1 外的各点是否可以标记（换句话说，就是各点是否可以修正流量），即各点是否满足 $x_{ij}<b_{ij}$或 $x_{ji}>0$ 的条件。如满足则可记上标记（i^+，ε_j）或（i^-，ε_j），即从 V_i 到 V_j 可以修正，在 V_j 处可以加上修正量 ε_j；或从 V_j 到 V_i可以修正，在 V_j 处减去修正量 ε_j。修正量 ε_j 的值可以根据下述情况分别计算

$$当\ x_{ij}<b_{ij}时，\varepsilon_j=\min\ \{\varepsilon_j,\ b_{ij}-x_{ij}\}$$

$$当\ x_{ji}>0\ 时，\varepsilon_j=\min\ \{\varepsilon_j,\ x_{ij}\}$$

④ 当所有顶点（包括终点 V_n）的修正量都已记上后，则可按括号内左端的序号逆向地（由 V_n 到 V_1）找到流量修正通路并修正流量。当标记为（i^+，ε_j）时，流量增加到 $x_{ij}+\varepsilon_j$；当标记为（i^-，ε_j）时，流量减少到 $x_{ji}-\varepsilon_j$。

⑤ 反复进行上述流量修正步骤，直到终点再不能标记时为止。这时在把最后一次标记过后点集合起来，就是最小割集，而最小割集的流量之和，就是所要求的网络最大流量。

例 6-3 用标记法求图 6-5 所示网络的最大流量。

解：

1）网络图的初始可行流如图 6-9 所示。由图可知，它满足以下两个条件。

$$0\leqslant x_{ij}\leqslant b_{ij}$$

$$\sum_i x_{ij}-\sum_i x_{ji}=0$$

2）在图 6-10 中，先标记上 V_1 点标记（$-\infty$，$+\infty$）。

3）确定除 V_1 点以外各点能否标记，并计算相应的修正量 ε_j，记在该点旁的括号内。标记的具体做法如 V_2 点的标记过程：

由于 $x_{12}<\varepsilon_j b_{12}$（即 $7<13$），所以 V_2 点可以标记，其修正量为

$$\varepsilon_2=\min\{\varepsilon_1,b_{12}-x_{12}\}=\min\{\infty,13-7\}=6$$

故 V_2 点处标记为（1^+，6），含义是流量从 V_1 点来，流量的修正量为 +6 。

如果某点标记的修正量为 0 时，代表该点不能修正，可以不标。

此外，当某点的标记来自于不同的点时，则在标记时，取修正量的大者，作为该点选中的标记。标记的具体做法如 V_7 点的标记过程：

$$\varepsilon_7(V_5)=\min\{\varepsilon_5,b_{57}-x_{57}\}=\min\{3,9-7\}=2$$

$$\varepsilon_7(V_6)=\min\{\varepsilon_6,b_{67}-x_{67}\}=\min\{4,10-5\}=4$$

因 V_4 到 V_7 的修正量为 0，不作标记，则在上述两个中选一个修正量大者，作为 V_7 的标记，即

$$\varepsilon_7=\max\{\varepsilon_7(V_5),\varepsilon_7(V_6)\}=\max\{2,4\}=4=\varepsilon_7(V_6)$$

按照此法，可以将图 6-9 中其他点也标记出来。标记的结果如图 6-10 所示 。

4）第一次标记后，由于在终点 V_7 修正量为 $\varepsilon_7=4$，因此要在图 6-9 中沿加粗的箭线从终点 V_7 往回找到起点 V_1，将经过的括号内的实际流量值改为原来的实际流量值加上修正量

后的值。修正量统一取为 $\varepsilon_7=4$。再画新图，标出第一次标记修正后的结果，如图6-11所示。

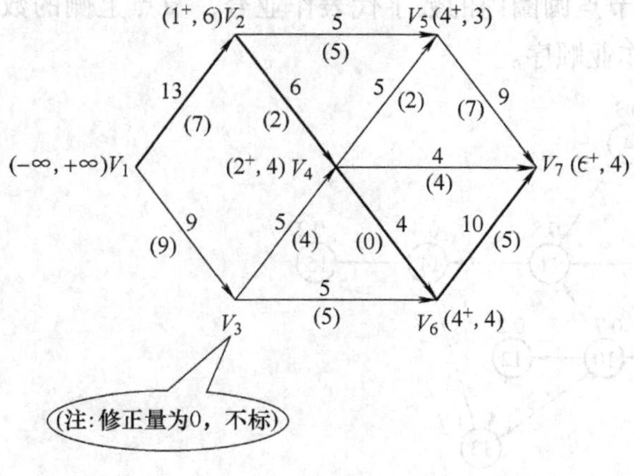

图6-10　第一次标记

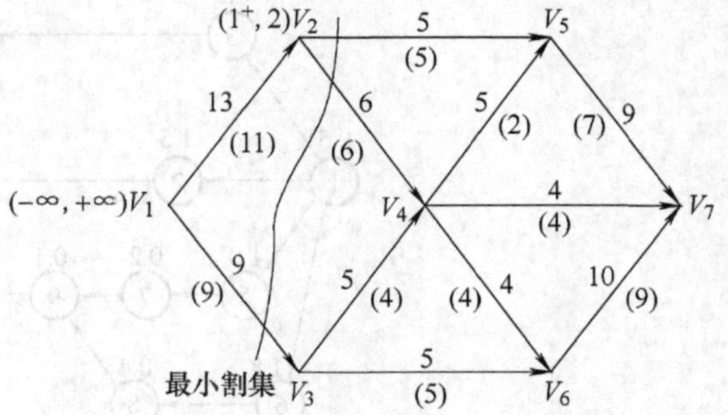

图6-11　第二次标记

5）在图6-11上再第二次作标记。发现标记到 V_2 后，其他点的修正量均为0。这样，就不再存在流量的修正通路，因此流量修正工作到此结束。为直观看出不可标记区域，在图6-11上，将能标记的区域和不能标记的区域之间用一条割线割开，就得到了最小割集，被割线切中的箭线上，恰好都满足 $[x_{ij}]=[b_{ij}]$，即修正量已经为0，不可再修正。将被割线切到的箭线上的实际流量值求和，就是最小割集的流量，即

$$[x_{24}]=6$$
$$[x_{13}]=9$$
$$[x_{25}]=5$$

将其求和，最小割集流量为 $6+9+5=20$ 。这个流量也就是网络的最大流量。把这个最大流量应用于柔性装配线的计算上，就是柔性装配线的产出率。

6.4　柔性装配线重组与最佳配置实例

订单生产给装配线提出了柔性化、快速反应的要求。灵活多变的需求频繁地变更着装配工艺方案。变刚性装配线为柔性装配线是快速获取最佳装配工艺路线的一种先进技术。该技术通过建立装配资源数学模型和应用最大流-最小割理论，可以实现装配线的重组与最佳配置。在不改变原有装配线形式的前提下，仅作带长和带逗的调整，就可以达到订单生产的要求。

6.4.1　原始资料

跟随灵活多变、频繁变更的订单，企业修订装配工艺方案，对生产现场进行重组规划与布置已经是一件经常性的工作。柔性装配线重组与布置的原始资料主要有以下几项。

1. 产品装配优先图

产品装配优先图如图6-12所示。它有15个作业元，其作业时间为 T_{ei}（$i=1, 2, ..., 15$）。图中，每个节点代表一个装配作业元，节点圆圈内的数字代表作业号，节点上侧的数字代表作业元的作业时间（min），箭线代表作业顺序。

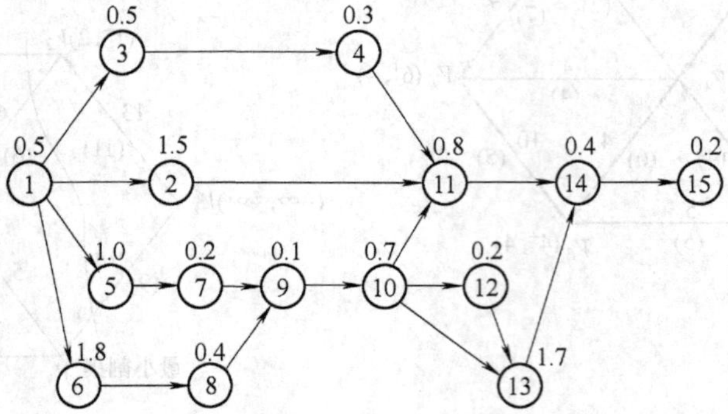

图6-12 产品装配关系图

2. 原有装配线布置图

柔性装配线的重组改造，原则上是在原有的装配线上进行，尽量不做大的改动，更不能完全推倒重来。原因是再有这个订单时，可以很快恢复。图6-13所示为原装配线布置简图。图中 V_{ij}（如 V_{12}）代表装配线上的一条传送带，共有9条传送带。传送带的运行速度可调。在上料区和传送带之间或带与带之间有分拣器和合拣器。分拣器是从一个位置抓取物料，然后按指令分送到不同的传送带上；合拣器是从不同的位置抓取物料，然后送到一条传送带上。装配线的起点为 V_1 上料区，终点为 V_7 成品区。

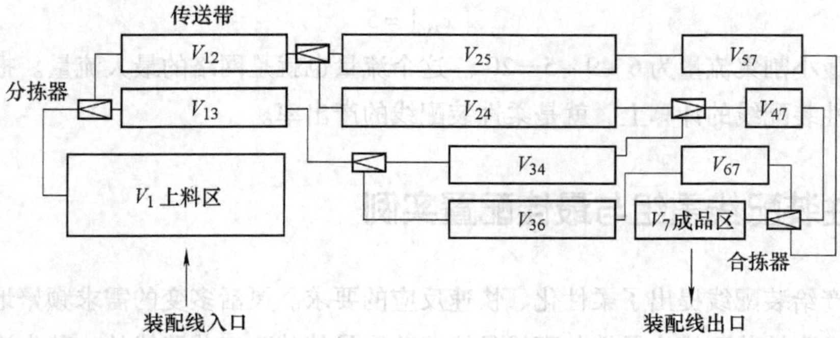

图6-13 原装配线现场布置图

3. 生产节拍

装配线的生产节拍由订单数量与交货时间间隔决定，即时间间隔与订单数量之比。本例中取生产节拍为3.1min。

6.4.2 工作站的划分

装配线重组，首先要进行的是工作站的划分。根据给定的生产节拍，确定装配线的工作站数，方法如下。

1. 计算阶位值

装配作业有严格的顺序要求。因此在作业排序中，引入阶位值的概念。阶位值大者优先向工作站安排。算法是第 i 个作业元素作业时间与所有后继作业元素作业时间的代数和，即为该作业元素的阶位值，用 $P_1(i)$ 表示，其计算逻辑式为

$$P_1(i)=N(i,i)+\{\forall N(j,j),当 N(i,j)=1 或 N(i,i)=0\},i=1,2,\ldots,n$$

计算结果见表6-2。

表6-2　阶位值计算表

作业元素	作业时间	1	2	3	4	5	6	7	8	9	10	11	12	13	14	15	阶位值	排序
1	0.5		⊕	⊕		⊕	⊕	+	+	+	+	+	+	+	+	+	9.5	1
2	1.5											⊕			+	+	2.9	8
3	0.5				⊕								+		+	+	2.2	11
4	0.3											⊕			+	+	1.7	12
5	1.0							⊕		+	+	+	+	+	+	+	5.2	3
6	1.8								⊕	+	+	+	+	+	+	+	6.3	2
7	0.2									⊕	+	+	+	+	+	+	4.3	5
8	0.4									⊕	+	+	+	+	+	+	4.5	4
9	0.1										⊕	+	+	+	+	+	4.1	6
10	0.7											⊕	+	+	+	+	4.0	7
11	0.8														⊕	+	1.4	13
12	0.2													⊕	+	+	2.5	9
13	1.7														⊕	+	2.3	10
14	0.4															⊕	0.6	14
15	0.2																0.2	15

2. 分配工作站

工作站是装配作业的基本单元，每个站可以有多个作业元素。因此要以生产节拍和作业顺序为约束条件，将作业元素分配到工作站中。

各作业元素按装配顺序和阶位值，向各工作站分配，并与节拍时间进行比较，计算剩余时间。若剩余时间足够安排下一作业元素时，就再找尚未分配的、阶位值较高的作业元素，把它分配到工作站中；若剩余时间不够再安排其他作业元素时，就向下一个工作站分配，依此类推，直到将全部作业分配完为止。各作业元素分配到工作站的情况见表6-3。

表 6-3 按节拍 3.1min 分配作业元素的过程

工作站	作业元素	阶位值	紧前作业	作业时间 /min	累计作业时间 /min	剩余作业时间 /min
1	1	9.5	—	0.5	0.5	2.6
	6	6.3	1	1.8	2.3	0.8
	8	4.5	6	0.4	2.7	0.3
2	5	5.2	1	1.0	1.0	2.1
	7	4.3	5	0.2	1.2	1.9
	9	4.1	7, 8	0.1	1.3	1.8
	10	4.0	9	0.7	2.0	1.1
	12	2.5	10	0.2	2.2	0.7
	3	2.2	1	0.5	2.7	0.2
	4	1.7	3	0.3	3.0	0.1
3	2	1.0	1	1.5	1.5	1.6
	11	2.4	2, 4, 10	0.8	2.3	0.8
4	13	2.3	10, 12	1.7	1.7	1.4
	14	0.6	11, 13	0.4	2.1	1.0
	15	0.2	14	0.2	2.3	0.8

6.4.3 确定装配线最大产出率

为了追求订单产品在线装配时的高产出量，需要应用运筹学中的最大流-最小割定理。运用这一理论，把生产现场原有装配线组成情况描绘成图 6-14a 的形式。图中节点代表不同传送带之间的连接机器人，从 V_i 至 V_j 的箭线代表一条传送带，箭线上的数值为传送带单位节拍下线的最大产出量。V_1表示装配起点，V_7 表示装配结束。现在的问题是怎样安排这条装配线才能使从 V_1 到 V_7 的产出率为最大，这就是最大流问题。应用最大流-最小割定理解决此类问题的算法很多，这里采用标记法来求装配线的最大产出率，结果如图 6-14b 所示。

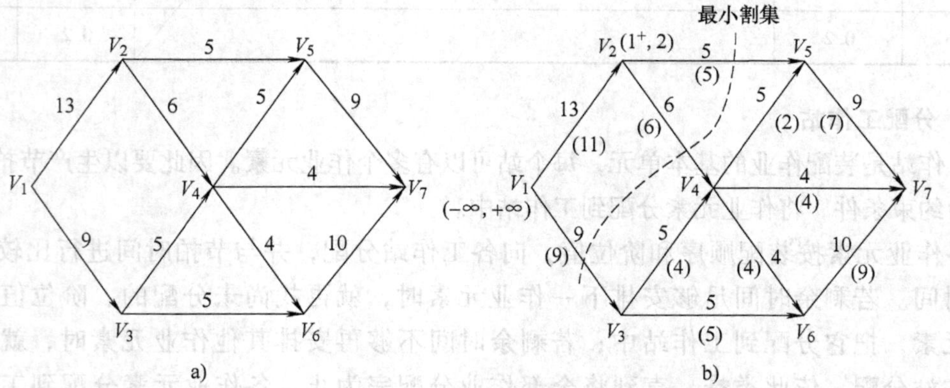

图 6-14 装配线产出率计算图

这样做的目的是简化此处的计算。图中各箭线下方用括号表示的数字，代表的就是在保证整个装配线为一个流时的各传送带的实际产出率，也就是前面常说的 x_{ij}，传送带的最大出率就是 b_{ij}。

6.4.4 装配线重组

根据图6-14和表6-3的结果，就可以对传送带进行分组。分组情况，即工作站号、传送带号、站内作业元素分配、各带产出率和各带的最小带长度（按双侧作业，每工位1m计算）相关数据见表6-4。

表6-4 传送带划分与最小长度确定

站号	第一工作站		第二工作站				第三工作站				第四工作站		
带号	V_{12}	V_{13}	V_{24}	$V_{25'}$	V_{34}	$V_{36'}$	$V_{5'5}$	V_{45}	V_{46}	$V_{6'6}$	V_{57}	V_{47}	V_{67}
作业元素	1.6.8		5.7.9.10.12.3.4				2.11				13.14.15		
产出	11	9	6	5	4	5	5	4	4	5	9	2	9
最小带长/m	16.5	13.5	21	17.5	14	17.5	5	4	4	5	13.5	3	13.5

根据表6-4，并考虑各传送带为标准规格尺寸，实际长度一般按5m的整倍数取值，这样要按计算的带最小长度确定各带的实际长度，见表6-5。

表6-5 传送带实际长度的确定

站号	第一工作站		第二工作站				第三工作站				第四工作站		
带号	V_{12}	V_{13}	V_{24}	$V_{25'}$	V_{34}	$V_{36'}$	$V_{5'5}$	V_{45}	V_{46}	$V_{6'6}$	V_{57}	V_{47}	V_{67}
最小带长	16.5	13.5	21	17.5	14	17.5	5	4	4	5	13.5	3	13.5
实际带长	20	15	25	20	15	20	5	5	5	5	15	5	15

注：$(V_2-V_{5'})+(V_{5'}-V_5)$ 为 V_2-V_5 传送带，则长度为25m；
$(V_3-V_{6'})+(V_{6'}-V_6)$ 为 V_3-V_6 传送带，则长度为25m。

6.4.5 装配线现场平面布置

给定传送带的实际尺寸为长×宽=长×4m，确定各工位的实际占地面积。带与带之间有物料分拣机器人与合拣机器人，占地按5m×4m=20m^2 确定，人行通道按2m确定道路宽度，车间内行车道按3m确定，带的结合部按2m确定，车间范围尺寸按6m的倍数控制，厂区道路按国家规定为 6m 。现场的布置情况如图 6-15 所示。图 6-16 所示为现场布置的效果图。

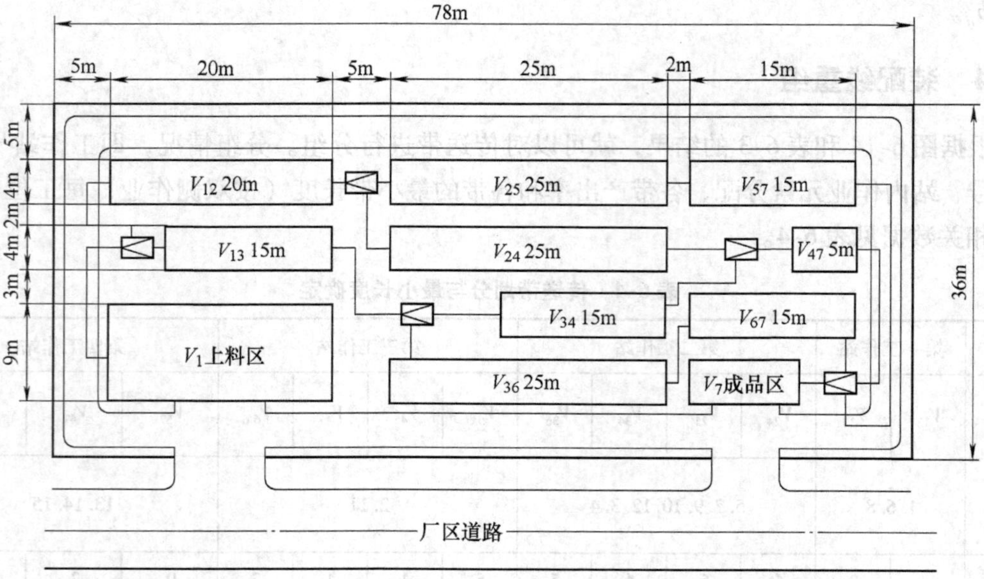

图 6-15 柔性装配车间平面布置图

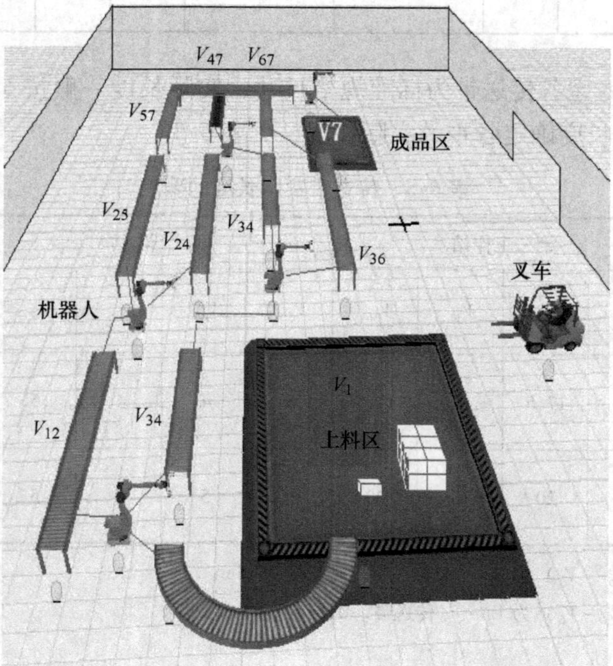

图 6-16 柔性装配线效果图

习 题

6-1 简单回答装配的概念，说明什么是装配的层次性和有序性？

6-2 什么是装配优先图？它有什么作用？图中的节点、箭线和数字各代表什么含义？

6-3 柔性装配线与刚性装配线相比有何优越性？

6-4 装配线由哪些部分组成？各部分一般采用哪些设施和设备？

6-5 什么是装配线平衡？装配线平衡的方法和步骤是什么？

6-6 图6-17所示为某装配线的新接收的订单产品的装配优先图。试仍以图6-5为原装配线，对其进行柔性化改造，给定装配线生产节拍为5.5min。

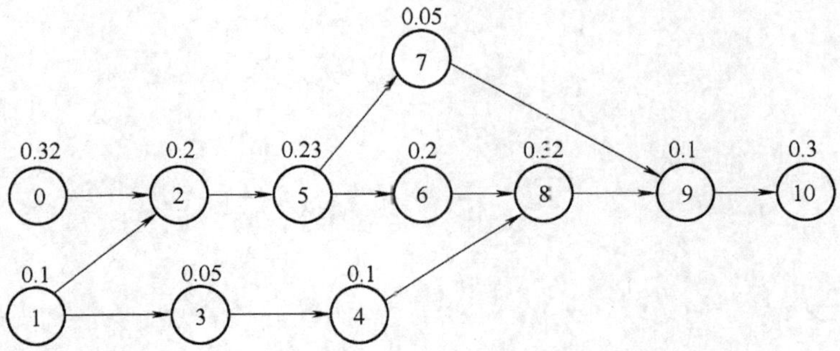

图6-17 习题6-6图

第 7 章 机群式生产车间的柔性化改造

本章主要介绍如何按柔性化制造的观点，应用成组技术理论，对机械加工设备按机群式布置的生产车间进行成组加工单元改造，在不增加投资的基础上，实现零件加工的柔性化组织与安排，提高零件加工的效率。

7.1 机群式生产车间柔性化改造的意义

市场需求的变化必然影响到企业的生产方式。企业生产方式转变所面临的问题主要是更新换代加工设备的成本过高。目前在很多企业，尤其是中小企业中，使用的加工设备仍以普通机床居多，而且机床的布置仍以机群式布置为主。

所谓机群式设备布置是指将同类设备和人员集中布置在一个生产场地内的布置形式，如图 1-2 所示。机群式设备布置的特点是：相同的设备被安排在一起，所以有了车工班（在该班组中，操作者为车工，设备都是车床）、铣工班、钻工班等划分方式。不同的设备被划分成不同的区间。这种设备布置形式单件生产周期长，原因是一个零件要在不同的设备上进行加工，不同设备之间的距离长，物流成本也高，因而生产率和经济效益低，这种布置形式适用于单件小批生产，多见于中小企业中。

随着市场的变化，多品种中小批量的生产方式逐渐成为现阶段的主要生产方式以后，原来从事大批大量生产的大企业，也将目光盯在多品种中小批量的生产上，并采用先进的柔性制造设备（如 CNC 机床、加工中心等）进行生产。这就使实力较弱的中小企业无论在订单，还是在生产率方面，都感受到了压力，迫使这些企业在现有条件的基础上，寻找提高生产率的办法，进行车间柔性化改造。

以下这些多品种中小批量生产的特征对中小企业的影响很大：

1）产出的产品品种多样化，属于多个品种、不同批量和交货期短的混合型生产。

2）生产设备能力变化大，为保证交货期，多采用加班等方法提高生产率。

3）制造工艺流程多，且相互交错。

4）支撑条件多变。由于产品品种多，生产准备始终处于应急状态，基于传统的人工计划与调试难度加大。

5）生产组织与管理无法适应这种动态的多品种变批量的生产。

6）劳动强度大。

目前，中小企业提高生产率的主要方法有成组加工和设备的现代化改装。前者是通过对相似零件组织成组加工，提高生产率；后者是通过提高单机的性能来提高生产率。两者相比，前者意义更大，理由如下：

1）成组技术正是为在多品种中小批量生产方式中，解决产品开发、生产技术、生产组织与管理问题而开发的技术，其理论系统完整，可以很快在实际中应用，并能收到可观的效果。

2）以成组单元形式组织生产可以使设备得到合理布置，减少了零件在工序间的流动距离，有利于分门别类对零件族和设备组进行整合，使零件与设备之间的配置达到最佳化。

3）国内外用成组技术改造传统生产方式的经验证明，不增加投资，只改变原有加工方式和设备的成组布置，就可以取得明显的技术经济效果。

4）符合柔性制造原理。其一是设备柔性，成组加工体现了在某一台机床按加工的特定零件被安排在不同类型成组加工单元中，机床加工的针对性强，换刀时间、组装新夹具所需的时间和机床调整时间都缩短了；其二是工艺柔性，成组加工体现了采用与加工某一零件组相对应的设备组对零件组进行加工的能力；其三是流程柔性，按流程要求设置各类成组加工单元，属于哪个流程加工的零件就分配在哪个成组加工单元中进行生产，提高了设备加工的适应能力；其四是批量柔性，成组后可以使零件组的生产批量加大，从而改变单件小批量生产的困境，有利于提高生产率。此外成组加工更能体现工序柔性。当零件加工工序改变时，可以及时进行重组，改进工艺方案和设备组合布置，以获取较高的加工柔性。

总之，对传统生产方式进行柔性化改造，采用成组技术是目前比较成功的方法。

7.2 车间柔性化改造的基本方法

1. 零件相似性原理

各种类型的零件在整个产品结构的组成中，都各有一定的出现率。抽象地说，客观事物既存在有差异的一面，即个性；又存在相近似的一面，即共性。机械零件既然是客观事物，也必然有其共性，相似性原理就是研究客观事物这种共性的。

相似性是自然和工程中的基本现象，是指不同类型、不同层次的系统间存在某些共有的物理、化学、生物性或功能等方面的具体属性或特点。“相似”往往是指属性或特征相同，但在数值上有差别的现象。所谓零件相似性，是指零件所具有各种特征的相似。每种零件又有多种特征，主要包括结构形状、工艺和材料三个方面，此三种特征决定了零件的相似性。因此，在机械加工中，许多零件可以归并在同一加工族中，这类零件的集合称为族。族内具有某种更强相似性的一些零件可称为组。由于组的形成受分组目的和一些条件的限制，因此，组不一定就是族的一个子集，族和组的定义形成一个循环。

零件的结构、材料相似性与工艺相似性之间关系密切。结构和材料的相似性在一定程度上决定着工艺的相似性。因此，也有把零件结构和材料的相似性称为基本相似性或一次相似性，而将工艺相似性称为二次相似性。

相似性只提供了零件分组的一种判据。早期的成组技术只是工艺上相似零件的组合，以节约生产准备时间为目的。每一种零件的批量是小的，但是将一族或一组零件的批量加在一起成为“成组批量”，就能形成较大的批量，以便增加生产线的负荷、节约调整时间而获得经济效益。但是实际生产中难以做到。因为按某一零件族或组进行生产时，要以这些零件的同时需要为前提，而实际中订货生产对零件的需要并不是同时的。此外，“成组批量”中的零件也不是同时通过全部作业地点或加工设备的，生产工厂的现场作业管理也将变得困难，不容易保证生产进度的完成。

在多品种中小批量生产中，应用成组技术按加工族进行成组加工，可形成较大的成组生产量，这就为应用先进的加工工艺和生产管理技术创造了条件，可获得接近大批生产的经济效果。

2. 重复使用原则

据有关统计，在产品设计工作中有50%左右的时间用于零件图的设计、绘图及修改，这部分工作有相当大的重复性。通过成组技术可以将设计信息重复使用，不仅能显著缩短设计周期和减少设计工作量，同时还为制造信息的重复使用创造了条件。

成组技术在产品设计中的应用，不仅是零件图的重复使用，其更为深远的意义是为产品设计标准化明确了方向，提供了方法和手段，并可获得巨大的经济效益。在产品设计中传统标准化方法的目的不够明确，收效不大。以成组技术为基础的标准化是促进产品零部件通用化、系列化、规格化和模块化的杠杆，其目的如下：

1）产品零件的简化，用较少的零件满足多样化的需求。

2）零件设计信息的多次重复使用。

3）零件设计为零件制造的标准化和简化创造前提。

3. 成组柔性化改造的基本出发点

由上述分析，可以得出初步的结论，要使车间的柔性化改造取得成功，企业要从两个方面作出努力。

（1）在产品设计、工艺规程方面应贯彻重复使用的原则　成组技术中提出的重复使用原则，有利于从零件本身实现标准化、通用化，有利于减少零件的品种和数量，这样就为成组加工奠定了基础。减少产品设计和工艺方案编制的时间，无疑也会为保证交货期提供先决条件，可以给加工留出更多的时间。这一块降低成本的效果同样很大。实践证明：成组效益来源于制造资源的重复使用。在企业生产、经营的全部领域内，都存在或能发现重复使用的机会，因此，抓住机会并加以重复使用，是成组技术取得效益的本质。因此，在进行车间柔性化改造的同时，应对企业中与生产有关的部门，包括设计部门、生产计划部门、工艺部门和生产服务部门中，贯彻执行重复使用的原则，率先进行改造。从而为达到节约生产中的人力、物力，提高生产率，降低成本，满足短期内供应市场或按期将产品交付用户的目的奠定良好基础。

（2）使用生产流程分析方法，有利于快速实现车间的柔性化　目前，成组的方法主要有两种：一种是零件分类及编码的方法，一种是生产流程分析（PFA）方法。在车间柔性化改造的实践中发现，应用生产流程分析法是比较切合实际的。因此，本章重点介绍这种方法。

生产流程分析（PFA）既不用编码系统，也不用零件图进行零件分组（族），应用PFA的前提是已知该零件的工艺路线，将零件聚集在一起成组，因此这是划分工艺组的一个好方法。按照PFA，可在此分组基础上形成理论上的按成组生产组织布置设备的成组加工单元。因为PFA是用制造数据，而非设计数据或图样来识别零件组（族）的，因此能克服按零件几何形状分组带来的弊端。

在生产流程分析法中，划分成组加工单元的方法很多，常用的是排序聚类分析法。

排序聚类分析法（Rank-order Clustering Algorithm）是一种直接交换零件-机床矩阵中的数据，使其呈对角线块分布，每一个块的数据对应着一个相似零件族及其相应的机床组，从而实现零件分类的分析方法。

在排序聚类分析法中，零件-机床矩阵数据的交换是按一定规律进行的。可先按列序对全部列的二进制数进行数值大小的比较，然后按从左到右数值升序重新排列原始矩阵中的列序，得到新的零件-机床矩阵；在新矩阵基础上，再按行序对全部行的二进制数进行数值大小的比较，按比较结果从上到下数值升序重新排列矩阵，如此反复进行，直到行、列都符合升序排列为止。亦可采用先行排序、后列排序的顺序。

排序聚类分析法的优点是既可以手算，也可以上机计算。算法简单，所占内存小，计算速度快。但此方法用于实际的零件分类，常常会受到瓶颈机床（Bottle-neck machine）与瓶颈零件（Bottle-neck part）的困扰，使之难以从分类结果中区分出各零件族。

造成瓶颈机床的原因是多品种、中小批量生产类型的车间存在着一些通用设备，而通用设备的数量又往往不止一台。因此，解决瓶颈机床的办法是不同组中使用相同设备时，用多种码号分别标记同一类型的多台机床，使之不再出现瓶颈机床。

瓶颈零件是由特殊零件造成的，而特殊零件的相似性很差。相似性差的特殊零件不宜实施成组技术，应在分类之时从分类零件中剔除，以排除它对零件-机床矩阵数据对角线块分布化的影响。

在具体零件分类实践中，可采用两种方式解决瓶颈机床与瓶颈零件问题。一是直接采用数学处理方法自动识别与处理瓶颈机床与瓶颈零件；二是采用人工解决方式，先用排序聚类法进行分类，从初步的分类结果中找出瓶颈机床与瓶颈零件，再采取前面所述措施处理瓶颈机床与瓶颈零件，最后再用排序聚类分析法对处理过的零件-机床矩阵分类成组。

有关成组的详细内容，可结合下面的实例一并阐述。

7.3 车间柔性化改造实例

7.3.1 原始数据及初步分析

某企业是专业生产各类传动设备的中型公司制企业，具有丰富的生产经验。该公司生产的行星轮减速器（见图7-1），共有七大系列，见表7-1。减速器的结构简单、工作可靠、加工方便、成本低廉，广泛用于钢厂、矿山、冶金、工程机械、石油化工、工程建筑和轻工纺织等工业部门。

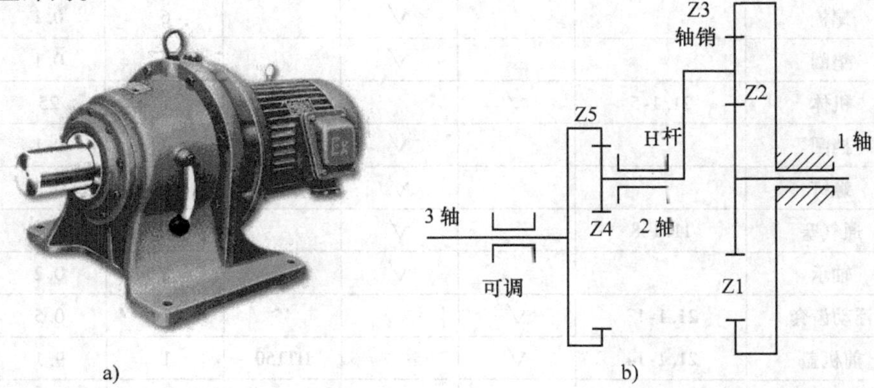

图7-1 行星轮减速器

a）外形图 b）传动系

表 7-1 产品系列表

序号	产品名称	型号	单位	年产量	单台重量/kg	总重量/kg
1	行星轮减速器	Ⅰ型	台	4 000	116.2	476 420
2	行星轮减速器	Ⅱ型	台	4 000	112.7	462 070
3	行星轮减速器	Ⅲ型	台	4 000	109.3	448 130
4	行星轮减速器	Ⅳ型	台	4 000	106	434 600
5	行星轮减速器	Ⅴ型	台	4 000	102.9	421 890
6	行星轮减速器	Ⅵ型	台	4 000	99.8	409 180
7	行星轮减速器	Ⅶ型	台	4 000	96.8	396 880

在二级减速器的系列型谱中，行星轮减速器是该公司的主打产品，该品种的二级减速器生产的数量最多，社会需求最大，深受各行各业的欢迎，目前市场形势良好。表 7-2 是行星轮减速器的零件明细表。

表 7-2 行星轮减速器零件明细表

序号	零件名称	代号	自制	外购	材料	件数	单重/kg	总重/kg
01	键			√		3	0.2	0.6
02	螺栓			√		6	0.1	0.6
03	垫圈			√		6	0.1	0.6
04	可通端盖	21.1-2	√		HT150	1	2.1	2.1
05	纸垫			√		1	0.1	0.1
06	后机盖	21.1-6	√		HT150	1	10.3	10.3
07	轴承			√		3	1.1	3.3
08	标盘	21.1-5		√		1	0.1	0.1
09	螺钉			√		6	0.1	0.6
10	螺栓			√		6	0.1	0.6
11	垫圈			√		6	0.1	0.6
12	机体	21.1-5	√		HT150	1	25	25
13	挡圈			√		2	0.1	0.2
14	螺钉			√		6	0.2	1.2
15	通气塞	11.1-8		√		1	0.2	0.2
16	轴承			√		2	0.2	0.4
17	浮动齿套	21.1-13	√		45	1	0.5	0.5
18	前机盖	21.1-14	√		HT150	1	9.1	9.1
19	挡圈	21.1-15		√		2	0.1	0.2
20	轴承			√		2	0.5	1.0

（续）

序号	零件名称	代号	自制	外购	材料	件数	单重/kg	总重/kg
21	可通端盖	21.1-17	√		HT150	1	0.9	0.9
22	纸垫			√		1	0.1	0.1
23	Ⅰ轴	21.1-18	√		45	1	2.7	2.7
24	键			√		1	0.1	0.1
25	螺钉			√		6	0.1	0.6
26	Ⅱ轴		√		45	1组	6.2	6.2
27	Ⅲ轴		√		45	1组	12	12
28	Z1齿轮		√		40Cr	1组	2.4	2.4
29	Z2齿轮		√		40Cr	1组	0.8	0.8
30	Z3内齿轮		√		40Cr	1组	4.8	4.8
31	Z4齿轮		√		40Cr	1组	2.1	2.1
32	Z5内齿轮		√		40Cr	1	8.5	8.5
33	定比传动箱		√		HT150	1	12	12
34	定比箱盖		√		45	1组	3.4	3.4
35	螺钉			√		6	0.1	0.6
36	垫圈			√		6	0.1	0.6
37	纸垫			√		1	0.1	0.1

在调研中发现，该公司设备布置仍为机群式，以车间同类机床划分班组，生产率较低，影响了企业的效益，限制了公司的进一步发展。

该公司生产的行星轮减速器，从结构上看相似性很强，基本结构均为传动轴、太阳轮、行星轮或定比传动内外啮合齿轮。此外，每种型号的产品，又可根据用户需要，在保证齿轮啮合中心距不变的情况下，通过改变齿轮的齿数配比关系，实现变比传动，以扩大减速器的应用范围，因此有大量模数相同，仅齿数不同的各种齿轮，这就为零件成组提供了相似性的条件，便于成组。因此有必要对其进行车间柔性化改造。

7.3.2　零件成组前的工作准备

按成组工艺的要求，在成组之前，应将非成组或不能成组的零件事先剔除。

1. 剔除外购件和标准件

产品中的外购件和标准件由供应商提供，无需进行加工，只在装配时使用，因此将其剔除。

2. 剔除非成组的自制件

由于某些自制件的形状单一，数量较少，如减速器上盖，检查盖和机座，不宜成组，此时采用目视法剔除。被剔除自制件见表7-3。

表 7-3 被剔除自制件表

序号	零件名称	代号	自制	外购	材料	件数
04	可通端盖	21.1-2	√		HT150	1
06	后机盖	21.1-6	√		HT150	1
12	机体	21.1-5	√		HT150	1
17	浮动齿套	21.1-13	√		45	1
18	前机盖	21.1-14	√		HT150	1
21	可通端盖	21.1-17	√		HT150	1
33	定比传动箱		√		HT150	1
34	定比箱盖		√		45	1 组

7.3.3 待成组零件加工工艺过程分析

根据以上分析，剩余的零件将有可能成组，因此对以下的零件进行机械加工工艺分析，为后续成组奠定基础，具体分析见表 7-4 ~ 表 7-23。

表 7-4 机械加工工艺卡片（1）

零件名称	Z3 内齿轮-100	材料	40Cr	成组代码		
零件号	30	零件简码		A	数 量	工时/min
工序号	工序名称	设备牌号		机床简码	工 序 内 容	
1	车	CA6140		甲	外圆、内圆、端面	45
2	插	B5020		丁	插键槽	15
3	齿	Y5150		丙	插齿	15
4	磨	Y7080		子	磨齿	20
5	钻	Z5030		戊	钻孔	10

表 7-5 机械加工工艺卡片（2）

零件名称	Z4 齿轮-25	材料	40Cr	成组代码		
零件号	31-1	零件简码		B	数 量	工时/min
工序号	工序名称	设备牌号		机床简码	工 序 内 容	
1	车	CA6140		甲	外圆、端面	50
2	插	B5020		丁	插槽	15
3	齿	Y3150E		寅	滚齿	40
4	磨	Y7080		子	磨齿	20

表 7-6 机械加工工艺卡片（3）

零件名称	Ⅲ轴 5	材料	45	成组代码			工时/min
零件号	27-5	零件简码		C	数 量		
工序号	工序名称	设备牌号		机床简码	工 序 内 容		
1	车	CA6140		甲	外圆、端面、螺纹		50
2	磨	M1432A		乙	外圆		35
3	铣	X6132		丑	键槽		20
4	钻	Z5030		戊	钻孔		15

表 7-7 机械加工工艺卡片（4）

零件名称	Z1 太阳轮-50	材料	40Cr	成组代码			工时/min
零件号	28-1	零件简码		D	数 量		
工序号	工序名称	设备牌号		机床简码	工 序 内 容		
1	车	CA6140		甲	外圆、端面		45
2	插	B5020		丁	插槽		15
3	齿	Y3150E		寅	滚齿		45
4	磨	Y7080		子	磨齿		25

表 7-8 机械加工工艺卡片（5）

零件名称	Z5 内齿轮-100	材料	40Cr	成组代码			工时/min
零件号	32	零件简码		E	数 量		
工序号	工序名称	设备牌号		机床简码	工 序 内 容		
1	车	CA6140		甲	外圆、端面		90
2	插	B5020		丁	插槽		15
3	齿	Y5150		丙	插齿		40
4	钻	Z5030		戊	钻孔		10

表 7-9 机械加工工艺卡片（6）

零件名称	Ⅱ轴 3	材料	45	成组代码			工时/min
零件号	26-3	零件简码		F	数 量		
工序号	工序名称	设备牌号		机床简码	工 序 内 容		
1	车	CA6140		甲	外圆、端面、螺纹		75
2	磨	M1432A		乙	外圆		45
3	铣	X6132		丑	键槽		20

表 7-10 机械加工工艺卡片（7）

零件名称	Ⅲ轴 1	材料	45	成组代码			
零件号	27-1	零件简码		G	数 量		工时/min
工序号	工序名称	设备牌号		机床简码	工 序 内 容		
1	车	CA6140		甲	外圆、端面、螺纹		80
2	磨	M1432A		乙	外圆		40
3	铣	X6132		丑	键槽		20
4	钻	Z5030		戊	钻孔		15

表 7-11 机械加工工艺卡片（8）

零件名称	Ⅰ轴	材料	45	成组代码			
零件号	23	零件简码		H	数 量		工时/min
工序号	工序名称	设备牌号		机床简码	工 序 内 容		
1	车	CA6140		甲	外圆、端面、螺纹		50
2	磨	M1432A		乙	外圆		35
3	铣	X6132		丑	键槽		20
4	钻	Z5030		戊	钻孔		10

表 7-12 机械加工工艺卡片（9）

零件名称	Z4 齿轮-50	材料	40Cr	成组代码			
零件号	31-2	零件简码		I	数 量		工时/min
工序号	工序名称	设备牌号		机床简码	工 序 内 容		
1	车	CA6140		甲	外圆、端面		60
2	插	B5020		丁	插槽		15
3	齿	Y3150E		寅	滚齿		60
4	磨	Y7080		子	磨齿		45

表 7-13 机械加工工艺卡片（10）

零件名称	Ⅲ轴 2	材料	45	成组代码			
零件号	27-2	零件简码		J	数 量		工时/min
工序号	工序名称	设备牌号		机床简码	工 序 内 容		
1	车	CA6140		甲	外圆、端面、螺纹		85
2	磨	M1432A		乙	外圆		50
3	铣	X6132		丑	键槽		20
4	钻	Z5030		戊	钻孔		15

表 7-14　机械加工工艺卡片（11）

零件名称	Z2 行星轮-35	材料　40Cr	成组代码		工时/min
零件号	29-3	零件简码	K	数 量	
工序号	工序名称	设备牌号	机床简码	工 序 内 容	
1	车	CA6140	甲	外圆、端面	40
2	齿	Y3150E	寅	滚齿	35
3	剃	Y7080	子	剃齿	20

表 7-15　机械加工工艺卡片（12）

零件名称	Ⅲ轴 3	材料　45	成组代码		工时/min
零件号	27-3	零件简码	L	数 量	
工序号	工序名称	设备牌号	机床简码	工 序 内 容	
1	车	CA6140	甲	外圆、端面、螺纹	90
2	磨	M1432A	乙	外圆	35
3	铣	X6132	丑	键槽	20
4	钻	Z5030	戊	钻孔	15

表 7-16　机械加工工艺卡片（13）

零件名称	Z1 太阳轮-40	材料　40Cr	成组代码		工时/min
零件号	28-2	零件简码	M	数 量	
工序号	工序名称	设备牌号	机床简码	工 序 内 容	
1	车	CA6140	甲	外圆、端面	45
2	插	B5020	丁	插槽	15
3	齿	Y3150E	寅	滚齿	40
4	磨	Y7080	子	磨齿	20

表 7-17　机械加工工艺卡片（14）

零件名称	Ⅲ轴 4	材料　45	成组代码		工时/min
零件号	27-4	零件简码	N	数 量	
工序号	工序名称	设备牌号	机床简码	工 序 内 容	
1	车	CA6140	甲	外圆、端面、螺纹	95
2	磨	M1432A	乙	外圆	35
3	铣	X6132	丑	键槽	20
4	钻	Z5030	戊	钻孔	15

表7-18 机械加工工艺卡片（15）

零件名称	Ⅲ轴6	材料	45	成组代码		工时/min
零件号	27-6	零件简码		O	数 量	
工序号	工序名称	设备牌号		机床简码	工 序 内 容	
1	车	CA6140		甲	外圆、端面、螺纹	100
2	磨	M1432A		乙	外圆	35
3	铣	X6132		丑	键槽	20
4	钻	Z5030		戊	钻孔	15

表7-19 机械加工工艺卡片（16）

零件名称	Ⅱ轴2	材料	45	成组代码		工时/min
零件号	26-2	零件简码		P	数 量	
工序号	工序名称	设备牌号		机床简码	工 序 内 容	
1	车	CA6140		甲	外圆、端面、螺纹	70
2	磨	M1432A		乙	外圆	35
3	铣	X6132		丑	键槽	20

表7-20 机械加工工艺卡片（17）

零件名称	Z1 太阳轮-30	材料	40Cr	成组代码		工时/min
零件号	28-3	零件简码		Q	数 量	
工序号	工序名称	设备牌号		机床简码	工 序 内 容	
1	车	CA6140		甲	外圆、端面	45
2	插	B5020		丁	插槽	15
3	齿	Y3150E		寅	滚齿	40
4	磨	Y7080		子	磨齿	20

表7-21 机械加工工艺卡片（18）

零件名称	Z2 行星轮-25	材料	40Cr	成组代码		工时/min
零件号	29-1	零件简码		R	数 量	
工序号	工序名称	设备牌号		机床简码	工 序 内 容	
1	车	CA6140		甲	外圆、端面	45
2	齿	Y3150E		寅	滚齿	40
3	剃齿	Y7080		子	剃齿	20

表7-22 机械加工工艺卡片（19）

零件名称	Ⅱ轴1	材料	45	成组代码			
零件号	26-1	零件简码		S	数量		工时/min
工序号	工序名称	设备牌号		机床简码	工序内容		
1	车	CA6140		甲	外圆、端面、螺纹		60
2	磨	M1432A		乙	外圆		40
3	铣	X6132		丑	键槽		20

表7-23 机械加工工艺卡片（20）

零件名称	Z2行星轮-30	材料	40Cr	成组代码			
零件号	29-2	零件简码		T	数量		工时/min
工序号	工序名称	设备牌号		机床简码	工序内容		
1	车	CA6140		甲	外圆、端面		50
2	齿	Y3150E		寅	滚齿		45
3	剃	Y7080		子	剃齿		20

7.3.4 零件聚类成组

1. 零件成组排序过程

根据零件工艺过程卡，进行零件排序聚类分析，按照排序聚类分析法，先对机床排序（行排序），再对工件排序（列排序），最后解决瓶颈问题，具体见表7-24～表7-27。

表7-24 原始聚类分析表

	A	B	C	D	E	F	G	H	I	J	K	L	M	N	O	P	Q	R	S	T
甲	1	1	1	1	1	1	1	1	1	1	1	1	1	1	1	1	1	1	1	1
乙			1			1	1	1		1		1		1	1	1			1	
丙	1				1															
丁	1	1		1	1				1				1				1			
戊	1		1		1		1	1		1		1		1	1					
子	1	1		1					1		1		1				1	1		1
丑			1			1	1	1		1		1		1	1	1			1	
寅		1		1					1		1		1				1	1		1

表7-25 行排序聚类分析表

	A	B	C	D	E	F	G	H	I	J	K	L	M	N	O	P	Q	R	S	T
甲	1	1	1	1	1	1	1	1	1	1	1	1	1	1	1	1	1	1	1	1
丁	1	1		1	1				1				1				1			
子	1	1		1					1		1		1				1	1		1

（续）

	A	B	C	D	E	F	G	H	I	J	K	L	M	N	O	P	Q	R	S	T
戊	1		1		1		1	1		1		1		1	1					
丙	1				1															
寅		1		1					1		1		1				1	1		1
乙			1			1	1	1		1		1		1	1	1			1	
丑			1			1	1	1		1		1		1	1	1			1	

表 7-26　列排序聚类分析表

	A	B	D	I	M	Q	E	K	R	T	C	G	H	J	L	N	O	F	P	S
甲	1	1	1	1	1	1	1	1	1	1	1	1	1	1	1	1	1	1	1	1
丁	1	1	1	1	1	1	1													
子	1	1	1	1	1	1		1	1	1										
戊	1						1				1	1	1	1	1	1	1			
丙	1						1													
寅		1	1	1	1	1		1	1	1										
乙											1	1	1	1	1	1	1	1	1	1
丑											1	1	1	1	1	1	1	1	1	1

经列排序分析后发现，在不同组中出现了使用相同设备的情况，为了使分组顺利进行，将这些相同设备列为瓶颈设备，根据需要增加设备数量，即

1）甲分为3组：分别在各单元中安排设备甲、甲1、甲2。

2）乙分为2组：分别在第二和第三单元中安排设备乙、乙1。

3）戊分为2组：分别在第一和第二单元中安排设备戊、戊1。

4）丑分为2组：分别在第二和第三单元中安排设备丑、丑1。

表 7-27　去除瓶颈后成组零件/设备分析表

	A	B	D	I	M	Q	E	K	R	T	C	G	H	J	L	N	O	F	P	S
甲	1	1	1	1	1	1	1	1	1	1										
丁	1	1	1	1	1	1	1													
子	1	1	1	1	1	1		1	1	1										
戊	1						1													
丙	1						1													
寅		1	1	1	1	1		1	1	1										
甲1											1	1	1	1	1	1	1			
戊1											1	1	1	1	1	1	1			
乙											1	1	1	1	1	1	1			
丑											1	1	1	1	1	1	1			

（续）

	A	B	D	I	M	Q	E	K	R	T	C	G	H	J	L	N	O	F	P	S
甲2																		1	1	1
乙1																		1	1	1
丑1																		1	1	1

2. 成组加工单元的划分

成组单元划分情况如下：

1）第一组零件名/设备名：A、B、D、I、M、Q、E、K、R、T/甲、丁、子、戊、丙、寅，见表7-28。

表7-28 第一加工单元划分情况

	A	B	D	I	M	Q	E	K	R	T	单台工时/min	单台工时/h	年产量/件	年总工时/h	机床额定/h	机床台数/台
甲	45	50	45	60	45	45	90	40	45	50	510	8.6	4000	34400	3360	11
丁	15	15	15	15	15	15	15				105	1.75	4000	7000	3360	3
子	20	20	25		20	20		20	20	20	165	2.75	4000	11000	3360	4
戊	10						10				20	0.33	4000	1333	3360	1
丙	15						40				55	0.91	4000	3667	3360	2
寅		40	45	60	40	40		35	40	45	120	2	4000	8000	3360	3

2）第二组零件名/设备名：C、G、H、J、L、N、O/甲1、戊1、乙、丑，见表7-29。

表7-29 第二加工单元划分情况

	C	G	H	J	L	N	O	单台工时/min	单台工时/h	年产量/件	年总工时/h	机床额定/h	机床台数/台
甲1	50	80	50	85	90	95	100	550	9.2	4000	36800	3360	11
戊1	15	15	10	15	15	15	15	100	1.7	4000	6800	3360	3
乙	35	40	35	50	35	35	35	265	4.5	4000	18000	3360	6
丑	20	20	20	20	20	20	20	140	2.4	4000	9600	3360	3

3）第三组零件名/设备名：F、P、S/甲2、乙1、丑1，见表7-30。

表7-30 第三加工单元划分情况

	F	P	S	单台工时/min	单台工时/h	年产量/件	年总工时/h	机床额定/h	机床台数/台
甲2	75	70	60	200	3.4	4000	13600	3360	4
乙1	45	35	40	120	2	4000	8000	3360	3
丑1	20	20	20	60	1	4000	4000	3360	2

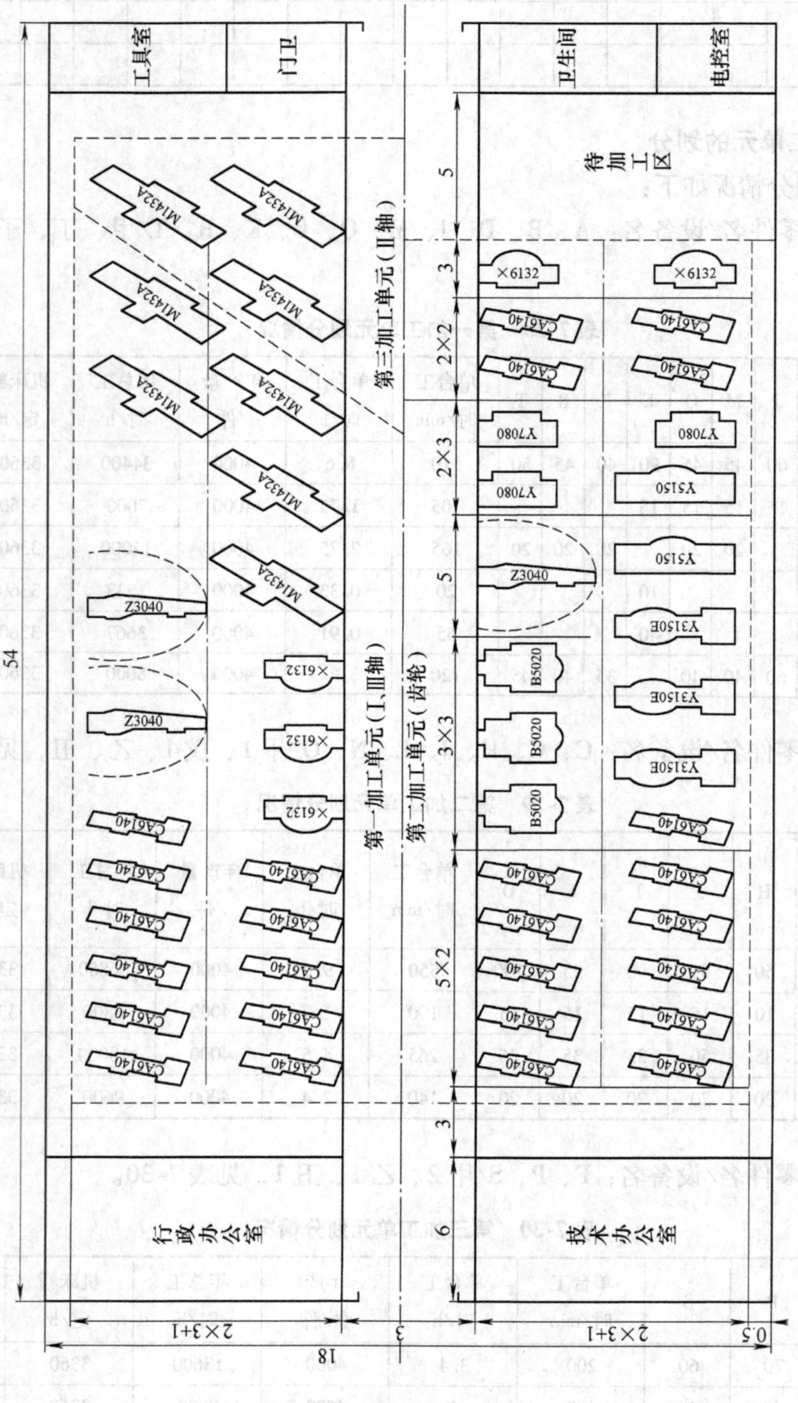

图 7-2 改造后车间设备布置图

7.3.5　车间成组布置

车间的平面布置要根据工厂的生产大纲和车间分工表、生产流程、工艺路线、生产组织形式、机器设备和起重运输设备的种类、型号、数量等多方面因素共同确定。好的车间布置应最大限度地减少搬运路程，让物料从进入车间依次流经各个工位后流出车间。图7-2所示为最终车间的布置图。

习　题

7-1　成组技术的原理和实质是什么？其中的柔性是何含义？

7-2　在实施成组过程中，“零件组”的含义是什么？

7-3　什么是生产流程分析（PFA）？什么是聚类分析？

7-4　说明排序聚类分析的算法。

7-5　将成组方式用于车间设备布置，与传统的设备布置有何不同？能取得什么效益？

7-6　实施车间的柔性化改造，能给企业带来什么益处？

7-7　按图7-2制作一个成组车间沙盘模型。车间的山墙面尺寸如图7-3～图7-5所示。机床的制作可采用图7-2的机床形状制作，也可在车间现场根据实物制作简图模型。车间墙面用硬纸板制作，机床可用塑料泡沫、苯板制作，制造工具有直尺、剪刀、铅笔、橡皮和胶水等。

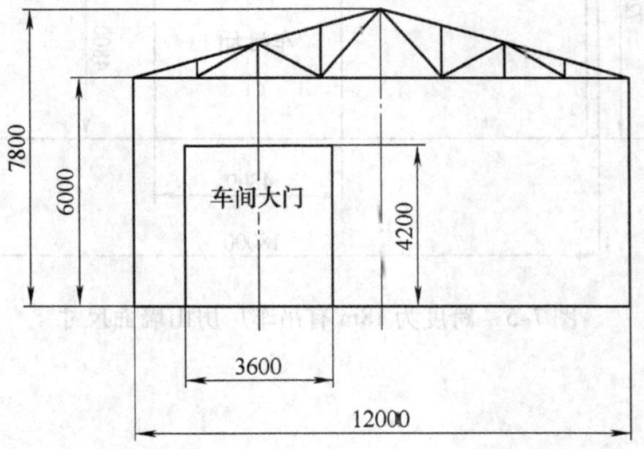

图7-3　跨度为12m厂房山墙面尺寸

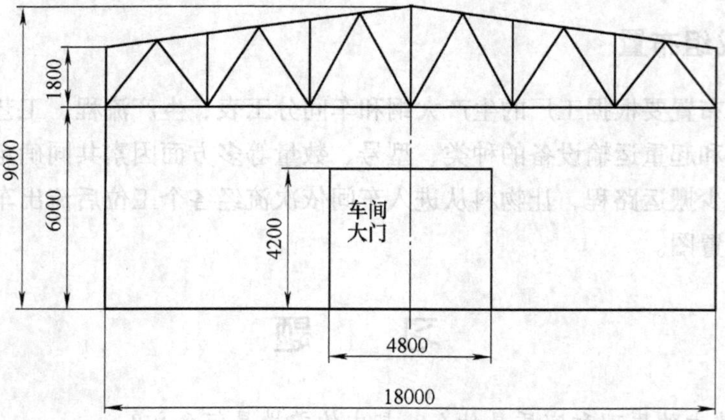

图 7-4 跨度为 18m 无吊车厂房山墙面尺寸

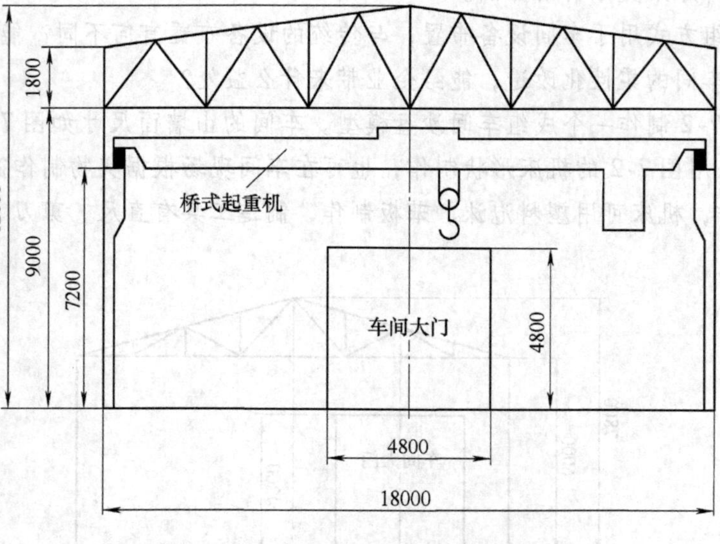

图 7-5 跨度为 18m 有吊车厂房山墙面尺寸

第 8 章 制造过程仿真

随着计算机技术和仿真技术在柔性制造系统中的应用与发展，制造过程仿真在提高制造系统的制造能力、市场适应能力和快速反应能力方面发挥着越来越重要的作用。它的应用与推广，为柔性制造过程的产前准备、制造资源配置、现场整合和前瞻性效益评估创造了良好的条件，也给企业在订单式生产中降低柔性制造的调节成本、减少投资和提高制造效率带来了实实在在的好处。

本章将在建立柔性制造过程仿真基本概念的基础上，介绍仿真软件及其应用。

8.1 制造过程仿真基础知识

8.1.1 推广应用制造过程仿真技术的意义

市场需求的多变性和多样性，要求现代制造企业能够适应这种变化的社会经济与市场环境，及时调整制造资源，保持企业的核心竞争力。

受产品品种、数量和交货期的限制，订单生产模式的特征决定了制造企业的制造过程要根据订单要求的变化快速变化。这种变化与调整是经常的，已经成为企业的一项日常工作。但在变化过程中，由于存在诸多的未知因素，如果贸然决策，盲目投资改造项目，会造成企业制造成本增加。如果改造失败，投资损失更大。即使建成，如果存在先天不足或有致命弱点，而又很难改变或无法改变，都会给企业的制造过程带来困难。目前，仿真技术的应用可以辅助企业解决这类问题。

由于计算机技术的高速发展，科学计算和计算机仿真已经成为科学研究中除理论研究和科学实验以外的第三种方法。在许多行业，仿真已经成为重要手段。仿真技术是目前使用最广的综合性技术之一，主要针对于模拟某一系统的流程或设施的运作，运用控制论、系统论、相似原理和信息技术，并通过计算机仿真技术或专用设备为其建立一个物理的或抽象的模型，从而分析原始系统的行为方式和特征。

计算机仿真技术是以多种学科理论为基础，以计算机及其相应的仿真软件为工具，通过虚拟试验的方法来分析和解决问题的一门综合性技术。计算机仿真（模拟）早期称为蒙特卡罗方法，是一门利用随机数实验求解随机问题的方法。根据仿真过程中所采用计算机类型的不同，计算机仿真大致经历了模拟机仿真、模拟-数字混合机仿真和数字机仿真三个大的阶段。20 世纪 50 年代，计算机仿真主要采用模拟机；60 年代后，串行处理数字机逐渐应用到仿真之中，但难以满足航天、化工等大规模复杂系统对仿真时限的要求；到了 70 年代，模拟-数字混合机曾一度应用于飞行仿真、卫星仿真和核反应堆仿真等高技术研究领域；80 年代后，由于并行处理技术的发展，数字机才最终成为计算机仿真的主流。现在，计算机仿真技术已经在机械制造、航空航天、交通运输、船舶工程、经济管理、工程建设、军事模拟以及医疗卫生等领域得到了广泛的应用，特别是在制造工程领域，具体体现在以下几个方面：

1）开展仿真研究有利于降低企业投资成本。订单是用户根据自己的需要提出的产品在品种、数量和交货期等方面的要求。产品、数量和交货期等因素不同，制造过程亦不同，需要企业按照订单的要求，再造制造流程。制造流程的改造是一项需要投资的项目工程。先利用仿真技术在计算机上对制造过程现场进行模拟分析与调试，再决定是否实施，就不会出现建实体、样机等投资风险，降低了企业的调整成本。同样，运用仿真技术把操作流程模拟出来，通过观察分析即时或长期的统计信息，研究其是否合理，寻找突破的瓶颈，剔除无用的操作，优化工艺流程，提高制造效率等，都可以降低企业的制造成本。

2）计算机与仿真技术水平的提高为实现制造过程仿真在技术上提供了支撑。过去由于大多数的系统规模很庞大、复杂，需要大量的建模和海量的计算，仿真技术要求高，程序编制困难，影响了仿真的应用。伴随着计算机运行速度的提高和运行成本的降低，大量优秀仿真软件的开发与应用，仿真技术越来越实用。企业利用这些软件可以进行制造过程的实时仿真，方便好用。

3）仿真过程的高性价比有利于制造过程仿真的推广使用。现在，尽管计算机的档次越来越高，仿真软件的水平也由程序运算，变成了可视化模拟，但购买的价格并不高，企业投入较少资金，就可以建立起制造过程仿真系统，而获取的效益却很大，因此推广应用仿真技术，在经济上已不成问题。

由此可见，应用推广针对制造过程的仿真技术，对企业快速建立柔性制造系统、提升柔性制造能力和创建经济高效的制造工艺方案和工艺流程具有重要意义。

8.1.2　仿真的概念

仿真（Simulation）又称为模拟（Analogy），是对现实系统的某一层次不确定性的抽象属性进行模仿。人们利用这样的模型进行试验，从中得到所需的信息，然后影响人们对现实世界这一层次的问题做出决策。

仿真的目标是为系统构造假设的模型。根据具体研究目的的不同，一般将系统按时间上的关系分为离散系统和连续系统。其中，离散系统是一类状态变量随时间在一组离散值上中转的系统，其状态变量仅在某一特定事件发生时才发生变化；连续系统是一类状态变量随时间连续变化的系统，其状态变量随着时间连续变化。其基本特征是：

1）仿真具有相对性。任何逼真的仿真都只能是对真实系统某些属性的逼近。模拟制造过程时，应进行多个方案的模拟与比较，从中选择一个最好的方案。

2）仿真具有层次性。既要针对所要处理的客观系统的问题，又要针对提出处理者的需求层次。构造一个仿真系统要与生产实际相联系。仿真的对象可以是整个制造过程，也可以是一个工作站或一条生产线。每个对象的研究由于层次不同，难度也不一样。分门别类，有利于提高仿真的效率，有目的地为系统再造提供依据。

3）仿真体现经济实用性。图 8-1 所示为系统研究方法之间关系的框图。由图可知，建造实际系统可以一步到位，但投资大，一旦有误将损失惨重。物理模型实验通过全尺寸缩略模型或部分全尺寸模型，也因其耗费大，用时长，一般应用较少。通过数学模型进行解析求解，由于过于抽象，也不实用。而通过计算机仿真来体现既定系统的重要特征就显得更便捷、更经济、更实用。在精度满足系统要求的情况下，通过仿真技术对系统建模，以观察在不同数据输入后的输出结果，能直观快速地实现对系统进行分析论

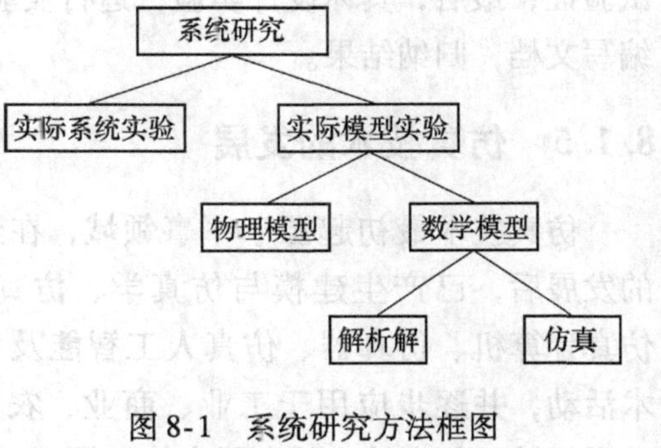

图 8-1　系统研究方法框图

证的目标。

8.1.3 仿真的类型

1. 静态与动态仿真模型

静态仿真模型代表了某一特定时刻或无时间概念的系统，如蒙特卡洛模型；动态仿真模型则代表了一类随时间变化的系统，如柔性制造单元的生产系统。

2. 确定性与随机仿真模型

确定性仿真模型是指不包含任何概率因素，一旦输入的数量和关系确定了，无论系统复杂与否，计算时间的长短，输出的结果就已经确定了；但在更多的现实系统中，输入都是随机的，所以输出也是随机的，只能是真实系统模型近似估计值。

3. 离散事件仿真与连续事件仿真模型

离散事件仿真是对随时间而变化系统的模拟，其状态变量会在不同的时间点瞬间发生变化，也可于某个特定时间点结束仿真或者启动某个系统运行决策。尽管仿真的系统可能面对各种情况，但很多离散仿真模型中都有一些共同要素，而且这些要素之间存在固定的逻辑结构，既可以简便程序的编写、调试和修改，也可利用复用技术缩短系统的开发时间并保障其可行性，这些要素包括：系统状态、仿真钟、事件列表、统计器、初始程序、计时程序、事件程序、库程序、报告生成器、主程序等。

连续事件仿真是一类系统状态变量随着时间连续变化的建模过程。连续仿真模型包括了状态变量相对于时间变化率的微分方程。由于数字计算机的数值及时间均具有离散性，连续系统仿真只能从数字及时间上近似地对原系统进行离散化，得到离散模型来模拟原连续模型。

8.1.4 仿真研究的步骤

图 8-2 所示为仿真研究的流程框图。首先，要对欲建模的系统进行分析，找出其存在的问题并制订研究计划；之后，收集系统数据及动作流程的信息，描绘出系统的概念模型；对概念模型进行模拟，通过后构建计算机程序并调试验证；最后，具体设计实验，运行实验并分析输出数据，编写文档，归纳结果。

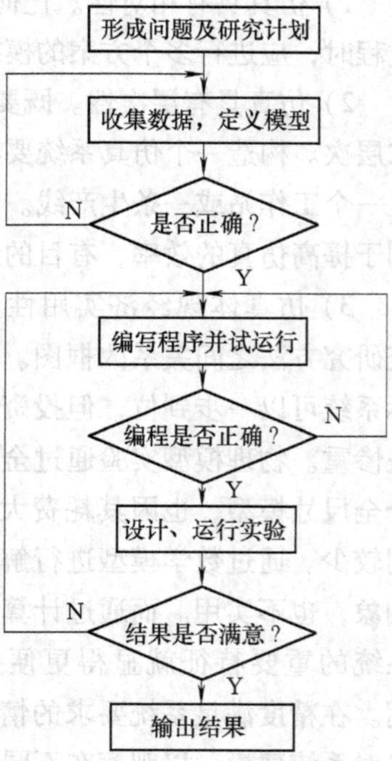

图 8-2 仿真研究的流程框图

8.1.5 仿真技术的发展

仿真技术最初起源于军事领域，在经历了半个多世纪的发展后，已产生建模与仿真学、仿真算法、仿真软件、仿真计算机、仿真器、仿真人工智能及多种仿真教育与学术活动，并逐步应用于工业、商业、农业、交通、医学等民用领域，仿真技术的发展大体经历了以下几个发展阶段。

1. 初级发展阶段

第二次世界大战后期，火炮控制与飞行控制动力学系统的研究促进了仿真技术的发展，20世纪40年代第一台通用电子模拟计算机研制成功，20世纪50年代末出现了第一台混合式计算机系统并用于洲际导弹的仿真，促进了仿真技术的发展。

2. 成熟阶段

在军事需求的推动下，20世纪70年代中期，仿真技术不但在军事领域迅速发展，而且扩展到其他领域。在这个时期出现了用于培训民航客机驾驶员和军用飞机飞行员的飞行训练模拟器和培训复杂工业系统操作人员的仿真系统等产品。相继出现了一些从事仿真设备和仿真系统生产的专业化公司。如美国的GSE公司、E&S公司、ABB公司、Dynetics公司等，使仿真技术达到了产业化阶段。这标志着仿真技术进入了成熟阶段。

20世纪70年代末，国际政治军事格局的改变为仿真技术的发展创造了新的机遇。一方面，随着世界范围内冷战状态的缓和，各国政府纷纷把投资重点转向了本国的经济建设；另一方面，随着技术进步，工业生产过程越来越复杂，操作水平要求越来越高，这种技术需求推动了仿真技术快速发展。

3. 高级阶段

20世纪80年代初，以美国国防高级研究计划局（DARPA）和美国陆军共同制定和执行的SIMNET研究计划和美国三军建立先进的半实物仿真实验室为标志，仿真技术发展到了一个新的高级阶段。仿真技术不但可以对已有的流程分析优化，同时可以加速产品开发和提供产品创新服务。根据行业规范和实际需求，制订切实可行的仿真流程和仿真规范，使仿真工作实现标准化。仿真流程和仿真规范涉及的内容包括整个产品生命周期中的所有仿真活动，首先根据产品开发的要求定义仿真事件，然后根据仿真事件确定需要的仿真软件、人员、计算机等资源，再确定需要的仿真模型、输入数据、输出结果以及如何建立模型、如何获得数据、如何评价结果和形成支持产品开发的技术报告。整个过程涉及仿真流程、仿真资源、仿真技术、仿真数据等管理。仿真技术综合集成了计算机、网络技术、图形图像技术、多媒体、软件工程、信息处理、自动控制等多个高新技术领域的知识。仿真技术是以相似原理、信息技术、系统技术及其应用领域有关的专业技术为基础，以计算机和各种物理效应设备为工具，利用系统模型对实际的或设想的系统进行试验研究的一门综合性技术。仿真技术的应用并不仅仅局限于产品或系统生产集成后的性能测试试验，而是已经应用于产品型号研制和制造的全过程。

我国仿真技术的研究与应用开展较早且发展迅速。20世纪50年代开始，自动控制领域首先采用仿真技术，面向方程建模和采用模拟计算机的数学仿真获得较普遍的应用，同时采用自行研制的三轴模拟转台的自动飞行控制系统的半实物仿真试验已开始应用于飞机、导弹的研制中。在开展连续系统仿真的同时，已开始对离散事件系统（例如交通管理、企业生产活动）的仿真进行研究。到了1990年，我国开始对分布交互仿真、虚拟现实等先进仿真技术及其应用进行研究。经过多年的不懈努力，仿真技术已取得了长足的发展。

8.2 仿真软件 Flexsim 简介

8.2.1 Flexsim 软件的基本情况

1. Flexsim 软件的主要功能

Flexsim 是一个基于 Windows 系统、面向对象的仿真环境、用于建立离散事件流程过程和可辅助工程师或设计人员在系统设计、改造和运作中做出正解决策的有力分析工具，在制造业、物料处理和办公室工作流等方面，都可以得到令人满意的三维虚拟现实环境。

Flexsim 是美国 Flexsim Software Production 公司开发的，迄今为止世界上第一个在图形环境中集成了 C ++ IDE 和编译器的商业化离散事件系统仿真软件。Flexsim 采用面向对象技术，并具有三维显示功能。建模快捷方便和显示能力强大是该软件的重要特点。该软件提供了原始数据拟合、输入建模、图形化的模型构建、虚拟现实显示、运行模型进行仿真试验、对结果进行优化、生成 3D 动画影像文件等功能，也提供了与其他工具软件的接口。Flexsim 应用深层开发对象，这些对象代表着一定的活动和排序过程。想要应用模板里的某个对象，只需要用鼠标把该对象从库里拖出来放在模型视窗即可。对象可以创建、删除，而且可以彼此嵌套移动，它们都有自己的功能或可继承来自其他对象的功能。这些对象的参数可以把任何制造业、物料处理和业务流程快速、轻易、高效地描述出来。同时 Flexsim 的资料、图像和结果都可以与其他软件实现共享，可以从 Excel 表读取资料和输出资料，可以从生产线上读取实时资料作为分析数据。Flexsim 也允许用户建立自己的模拟对象（Objects）来满足用户自己的要求。

Flexsim 具有直观的、易懂的用户接口，卓越的柔韧性（可伸缩性）。Flexsim 是世界上唯一的能够在图形模型环境下进行仿真的软件。正是因为 Flexsim 具有高度的开放性和柔韧性，所以能为几乎所有产业定制特定的模型。Flexsim 的主要功能如下：

1）Flexsim 采用经过高度开发的部件（Object）来建模。部件表示某研究对象的活动。行列，即代表着时间、空间等信息。建立模型时，只需要将相应的部件从部件库拖放到模型视图（View）中，各个部件具有位置（x, y, z）、速度（v_x, v_y, v_z）、旋转角度（r_x, r_y, r_z）和动态的活动（时间）等属性。部件可以被建立、删除，也可以移到另一个部件里，除了具有自身的属性外，还可以继承其他部件的属性。部件的参数是简单、快速、有效地建立生产、物流和商务过程模型的主要基础。通过部件的参数设置，我们可以对几乎所有的物理现象进行建模。例如，机械手、操作人员、队列、输送机、叉车、仓库、交通信号和箱子等全都可用 Flexsim 来建立模型。

2）Flexsim 可以使模型构造更具有层次结构。建立模型的时候，每一部件都使用继承的方法（即采用继承结构），可以节省开发时间。软件的所有可视窗体都可以向定制的用户公开。建模人员可以自由地操作部件、视窗、图形用户界面、菜单、选择列表和部件参数，可以在部件里增加自定义的逻辑、改变或删除既存的编码，也可以从零开始建立一个全新的部件。值得一提的是，无论是用户设定的还是新创建的部件都可以保存到部件库中，而且可以应用在其他模型中。

3）因为 Flexsim 的部件是向建模者公开的，所以部件可以在不同的用户、库和模型之间进行交换。可移植性与量身定制相结合能大大提高建模速度。定制的部件保存在部件库中，建模时，只要从部件库中拖放相应部件，就能在新模型中再现这些部件。可移植性与量身定制延长了部件和模型的生命周期。

4）Flexsim 具有一个非常高效的仿真引擎，该引擎可同时运行仿真和模型视图（可视化），并且可以通过关闭模型视图来加速仿真的运行速度。该引擎还允许用户在仿真进行期间改变模型的部分属性。

5）Flexsim 能一次进行多套方案的仿真实验。这些方案能自动进行，其结果存放在报告、图表里，这样可以方便地利用丰富的预定义和自定义行为指示器，如生产量、研制周期、费用等，来分析每一个情节，同时能够把结果输出到 Word、Excel 等应用软件里，利用 ODBC（开放式数据库连接）和 DDEC（动态数据交换连接）可以直接对数据库进行读写数据。

6）Flexsim 能利用包括最新的虚拟现实图形在内的所有 PC 上可用的图形。扩展名为 3ds、vrml、dxf 和 stl 的 3D 立体图形文件，可以直接调到 Flexsim 模型中用。Flexsim 的 VR（虚拟现实浏览窗口）放映装置允许用户调节光源、雾以及虚拟现实立体技术等场景元素。

7）Flexsim 具有强大的商务图表功能，海图（Charts）、饼图、直线图表和 3D 文书能完美地表现模型信息。Flexsim 的 open architecture 允许用户连接 OBDC 数据源、进行读和写，可以实时地连接 Word 和 Excel。

2. Flexsim 的特色

（1）基于面向对象技术建模　Flexsim 中所有用来建立模型的资源都是对象，包括表格、记录、GUI 等。同时，用户可以根据自己行业和领域特点扩展对象，构建自己的对象库。面向对象的建模技术使得 Flexsim 的建模过程生产线化，对象可以重复利用，从而减少了建模人员的重复劳动。

（2）突出的 3D 图形显示功能　Flexsim 支持 OpenGL 技术，也支持 3ds、wrl、dxf 和 stl 等文件格式。因此用户可以建立逼真的模型，从而对模型有一个直观的认识，并进行验证。用户可以在仿真环境下很容易地操控 3D 模型，从不同角度、放大或缩小来观测。

（3）建模方便　建模过程中，用户只需要从模型库中插入已有的模型，根据模型的逻辑关系进行连接，然后设定不同对象的属性。建模的工作简单，不需要编写程序。

（4）建模扩展性强　Flexsim 支持建立用户定制对象，整合了 C++ 编程。用户完全可以将其当作一个 C++ 的开发平台来开发一定的仿真应用程序。

（5）开放性好　提供了与外部软件的接口，可以通过 ODBC 与外部数据库相连，通过 socket 接口与外部硬件设备相连，与 Excel、Visio 等软件配合使用。

3. Flexsim 的应用

使用 Flexsim 可解决以下 3 个基本问题：

1）服务问题——要求以最高满意度和最低可能成本来处理用户及其需求。

2）制造问题——要求以最低可能成本在适当的时间制造适当产品。

3）物流问题——要求以最低可能成本在适当的时间，适当的地点，获得适当的产品。

成功应用包括：提高设备的利用率、减小等待时间和排除长度、有效分配资源、消除缺货问题、把故障的负面影响降到最低、把废弃物的负面影响减至最低、研究可替换的投资概念、决定零件经过的时间、研究降低成本计划、建立最优批量和工件排序、解决物料发送问题、研究设备预置时间和改换工具的影响、优化货物和服务的优先次序与分派逻辑、在系统全部行为和相关作业中训练操作人员和展示新的工具设计和性能等。

8.2.2 Flexsim 术语

1）Flexsim 实体。Flexsim 实体是仿真中模拟不同类型资源、设施和设备的模型。

2）临时实体。临时实体是那些在模型系统中移动通过的实体。

3）临时实体类型。临时实体类型是置于实体上的一个标签，可以代表一个条形码、产品类型或工件号。

4）端口。每个 Flexsim 的实体都可有多个端口，端口数没有数量限制。实体通过端口与其他实体进行通信。端口有 3 种类型：输入端口、输出端口和中间端口。输入和输出端口用于设定临时实体在模型中的流动路线。中间端口用来建立一个实体与另一个实体的相关性。中间端口通常用于建立固定实体与可移动实体之间的相关关系，固定实体有机器、暂存区和输送机等；可移动实体有操作员、叉车、起重机等。端口的创建和连接操作方法是，按住键盘上不同字母，单击一个实体并拖动至第二个实体，见表 8-1。

表 8-1 用于建立和断开两类端口连接的键盘字母

操作方法	输出—输入	中间
连接	A	S
断开	Q	W

5）模型视图。Flexsim 采用 3D 建模环境。默认的建模视图是正投影视图。还可以在一个更真实的透视视图中观察模型。通常在正投影视图中建立模型的布局更容易，而透视视图更多地用来做展示之用。在 Flexsim 中，可以打开多个视窗进行观察。但随着打开视窗数目增多，占用的电脑资源也会增加。

8.2.3 Flexsim 界面

双击桌面上的 Flexsim 图标（见图 8-3），出现 Flexsim 软件界面，如图 8-4 所示。在界面中，可以看到 Flexsim 菜单、工具条、实体库和投影模型视窗。

图 8-3 Flexsim 图标

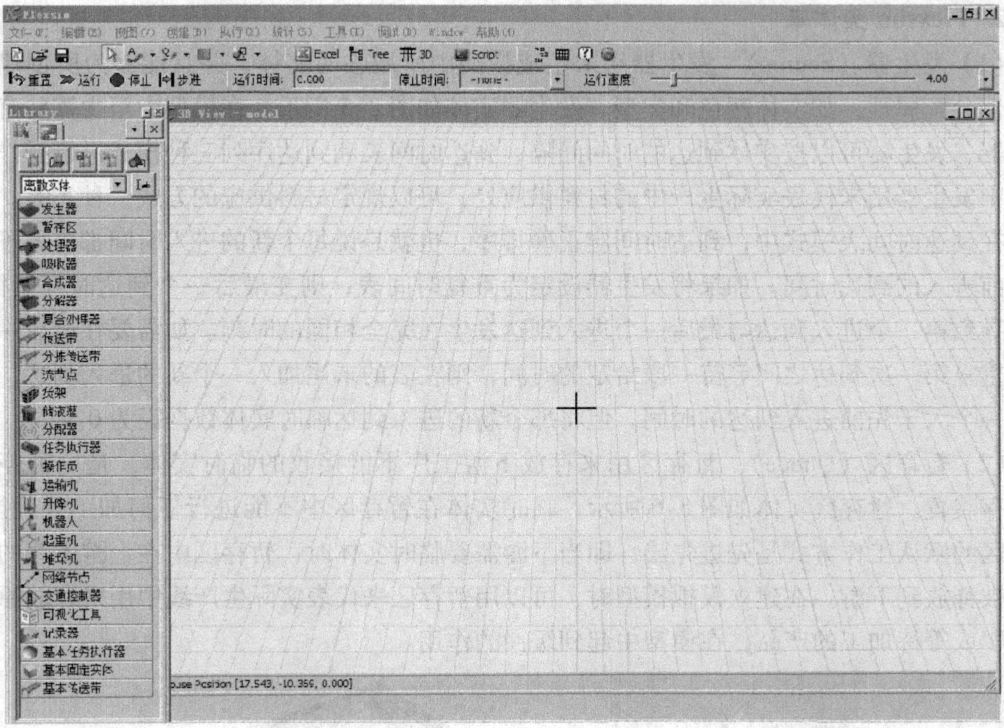

图 8-4 Flexsim 界面

1. Flexsim 菜单

Flexsim 菜单名与其下拉菜单项列表于表 8-2。

表 8-2 Flexsim 菜单

菜单名	文件	编辑	视图	创建	执行	统计	工具	调试
下拉菜单项	新建	撤销	脚本窗口	创建命令组	重置	实体数据	全局表	断点
	打开	恢复	输出控制	编译模型	运行	全局打开	时间表	代码分析器
	保存	锁定样条线	系统控制	编译会话	停止	报告	用户文件	事件列表
	另存为	撤销锁定	编译控制	可视化	步进	实验器	故障停机	事件日志
	状态文件	设置样条线	建模应用	设置代码	提升速度	重复随机流	监视表	
	高级文件	调整	模型树		降低速度	Optquest	用户界面	
	全局设置	查找/替换	平面视图			Expert Fit	全局任务	
	系统	设置精度	3D 视图				临时实体箱	
	退出	设置带角度	模型控制				全局变量	
			数据库				演示	
							媒体文件	
							模型触发器	
							用户命令	

2. Flexsim 实体库

（1）发生器（Source） 发生器用来生成模型中所用临时实体，并且能够为所创建的临时实体分配属性，如实体颜色和类型。发生器实体如图 8-5 所示。在模型中至少需要有一个发生器，发生器可以按实体到达的时间间隔、到达时间表和到达序列三种模式进行操作。在模型中发生器用来代表实际生产中的材料供应处，可以规定材料供应的方式、种类等。

在到达时间表模式中，到达时间应正确排序，也就是说每个新的进入时间都应大于或等于先前进入的到达时间。如果将发生器设定为重复时间表，则在最后一个到达时开始循环，这将导致第一个进入到达与最后一个进入到达发生在完全相同的时刻。如需要在最后一次到达和重复第一次到达之间等待一段给定的时间，则在表的末尾加入一个新的进入到达，给它指定一个大于先前进入到达的时间，但将那个新的进入到达临时实体数据设为 0。

（2）暂存区（Queue） 暂存区用来存放下游工序不能接收的临时实体，是一种停滞实体储存装置。暂存区实体如图 8-6 所示。临时实体在暂存区中不能进行任何加工处理操作，暂存区的默认工作方式是先进先出，即当下游需要临时实体时，暂存区中在上游工序的实体将先被释放到下游。在建立模拟模型时，可以用暂存区来代表实际生产线中用来存放原材料的仓库或等待加工的产品，在模型中起到缓冲的作用。

图 8-5 发生器

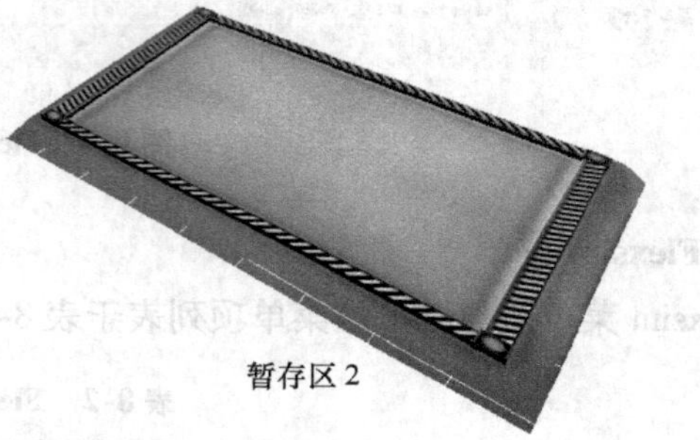

图 8-6 暂存区

（3）处理器（Processor） 处理器用来模拟临时实体的处理过程。处理器实体如图 8-7 所示。在模型中，实体处理过程被简单地模拟为一段时间的停留，该时间包括预置时间和处理时间两部分。处理器可以设置中断停机，并且经过随机或定期的时间间隔之后恢复在线状态。处理器可以在其预置、处理及维修时间内调用操作人员，进行救援工作和检查工作等。当处理器中断时，所有正在处理的临时实体都会被延迟。

使用预置/处理操作员时，由于处理器在整个预置或处理操作完成之前，无法释放该操作员，所以不能将处理器配置为在维修期间使用相同的操作，否则模型可能会形成死锁。因为当停机时，该操作员正忙于预置/处理，没有释放，但是不释放该操作员就无法完成维修，这样就形成了死循环。若必须使用同一操作员，则在停机触发器中使用 free operators 命令释放操作员，然后在维修触发器中使用 request operators 命令将它们调用回预置/处理操作。

处理器是固定实体的一个子类，它还是合成器、分解器的父类。如 MTBF（平均故障间隔时间）返回一个非零值，处理器就会模拟停机和维修时间。尽管可以指定预置和处理状态之外的 MTBF 状态，但处理器却只有在预置和处理操作中才可能中断停机。处理器在一次预置和一次处理过程中，最多只执行一次停机。

（4）吸收器（Sink）　吸收器（见图 8-8）用于消除模型中已经完成全部处理的临时实体，任何实体进入吸收器后将不再恢复。在模型中至少要有一个吸收器。

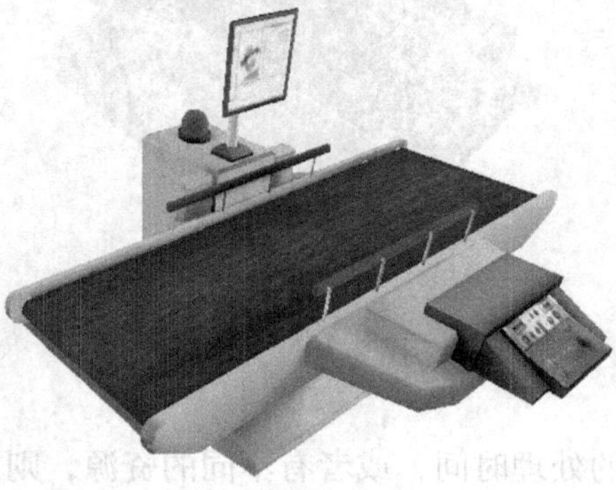

图 8-7　处理器

图 8-8　吸收器

（5）合成器（Combiner）　合成器用来把模型中的多个实体组合在一起。它可以将临时实体永久合在一起，也可以将它们打包，在以后某个时间点上还可以将它们分离出来。合成器实体如图 8-9 所示。

在操作中，合成器首先从它的输入端口 1 接收一个临时实体，接收完成后才允许其他临时实体进入。它根据组成列表收集一批临时实体。组成列表指定了合成器每一批次从其他每个输入端口接收的临时实体数量，第二行对应输入端口 3，依次类推。合成器一旦收集到一个批次的量，就开始经历预置和处理时间。

合成器有三种操作模式：装盘、合并与分批。

1）装盘：合成器从输入端口 2 与更高序号的输入端口接收到的所有临时实体全部移入到由输入端口 1 接收的临时实体中，然后释放此窗口的临时实体。

2）合并：除了从输入端口 1 接收的临时实体，合成器将删除掉其余的所有临时实体。

3）分批：合成器在收集到本批次的临时实体并完成了预置和处理时间后，才释放所有临时实体。

（6）分解器（Separator）　分解器用来将一个临时实体分成几个部分，分离可以通过拆分一个由合成器装盘的临时实体，或者复制原始实体的多个副本来实现。分解器实体如图 8-10 所示。分解器有去托盘模式和分解模式两种。

1）去托盘模式。当预置和处理时间一结束，分解器就把去托盘数量的临时实体移入到自身内部，然后释放排出的所有临时实体。

2）分解模式。当预置和处理时间一结束，分解器就复制此临时实体，得到总数等于分割数量的临时实体，然后释放所有的临时实体。

（7）复合处理器（Multiprocessor）　复合处理器用来处理临时实体的有序操作过程。用户可对每个复合处理器定义一系列处理过程，每个进入复合处理器的临时实体都要经历这些处理过程。复合处理器中同一时刻只能有一个临时实体。复合处理器实体如图 8-11 所示。

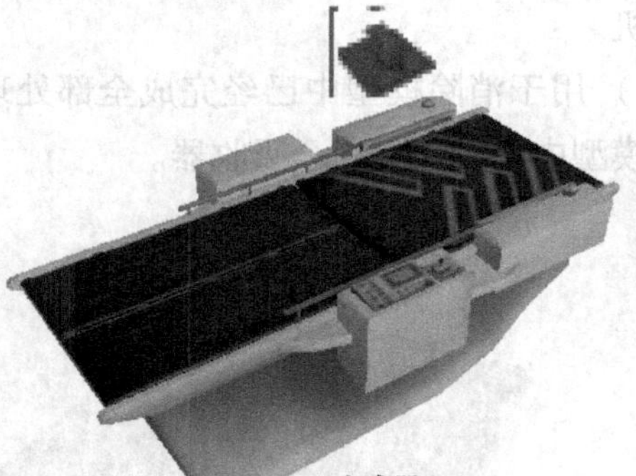
合成器 7

图 8-9　合成器

分解器 10

图 8-10　分解器

如果有一个站点涉及多个操作，各有不同的处理时间，或者有不同的资源，则应该使用复合处理器。也可以将复合处理器当做不同类型操作的共享站点使用。例如实体 1 需要经过操作 A、B，临时实体 2 需要操作 C、D，但两种类型必须共享一个站点来进行处理。给复合处理器设定 4 个处理过程，不需要的过程设定处理时间为 0。

复合处理器不提供管道处理过程。当一个临时实体完成了过程 1 移到过程 2 时，另一个临时实体就可以进入过程 1 进行处理。

（8）传送带（Conveyor）　传送带用来在模型中沿一系列路径移动临时实体。传送带实体如图 8-12 所示。可通过创建传送带的不同分段来定义路径，每个分段可以是直段，也可以是弧段。弧段用转过的角度和半径定义，直段由长度定义。这样可以使传送带具有其所需要的弯曲度。传送带可以是可积聚的，也可以是非积聚的。在可积聚模式下，输送机像辊道传送带一样运作，即使输送机末端被阻塞，临时实体也可以在上面积聚。在非积聚模式下，如果传送带被阻塞，则传送带上的所有临时实体都会停下。

复合处理器 8

图 8-11　复合处理器

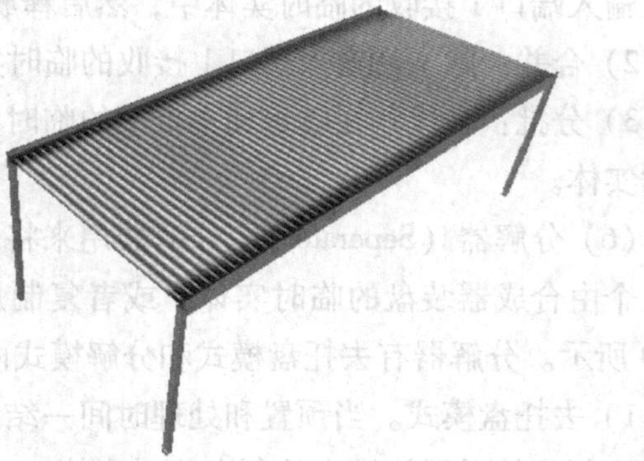
传送带 11

图 8-12　传送带

（9）分拣传送带（Marge Sort）　分拣传送带是一种非积聚式传送带，允许沿着传送带有多个输入位置，同时也有多个输出位置。每个输入/输出端口都有一个用户定义的输入/输出位置。分拣传送带实体如图 8-13 所示。

分拣传送带的固定实体执行方式与标准方式有几点不同，了解这些不同很重要。首先，分拣传送带总是用拉动模式。然而，与其他拉动模式的固定实体不同，它检查上游流动实体送往函数的值，以确保可以把临时实体送给分拣传送带。其次，用户没有权利访问“从下列端口拉入”域段，因为每个端口接收临时实体的能力取决于进入点的位置和传送带上其他临时实体的尺寸和位置。同样，临时实体离开要通过的端口取决于临时实体的位置和输出点的位置。分拣传送带还提供一个“发送条件”域段，每当有一个临时实体经过离开位置时就触发该域段的函数。此域段将返回一个真值或假值（1 或 0），表示是否允许临时实体离开。

（10）分配器（Dispatcher）　分配器实体如图 8-14 所示。在模型中，如果同一个端口使用两个或两个以上的运输工具时，就需要用到分配器。分配器用于接受实体信息，经过处理后发送到运输工具上。分配器在模型中不执行任何操作、不占用任何处理时间，只是起任务分配的作用。

图 8-13　分拣传送带

图 8-14　分配器

（11）流节点（Flow Node）　流节点用于将临时实体从一个位置移动到另一个位置，其移动过程伴随时间的消耗。流节点用来对临时实体的行进网络进行仿真。传送带也可以仿真行进网络，用传送带建模是从创建和连接行进网络路径的角度来进行描述的，而使用流节点建模是从创建和连接行进网络的节点的角度来进行描述，在某些情况下能使建模更容易。然而，与传送带不同，流节点模式不提供沿路径积聚临时实体的功能，只通过一个最大容量值来限制网络上的交通，其实体如图 8-15 所示。

（12）网络节点（NetworkNode）　网络节点用来定义运输工具和操作人员遵循的路径网络。通过使用样条线节点来增加路径弯曲部分从而修改路径，其实体如图 8-16 所示。在默认情况下，在网络上行进的实体将沿着起始位置和目标位置之间的最短路径行进。连接行进网络有如下三个步骤：

1）将网络节点连接到扮演网关的实体上。

2）将任务执行器连接到某些网络节点，在仿真开始时，任务执行器将停留在那些网络节点上。

3）每个网络节点都可以有多条路径与其他网络节点相连。每条路径代表两条单行线路径。每条单行线都可以单独配置。

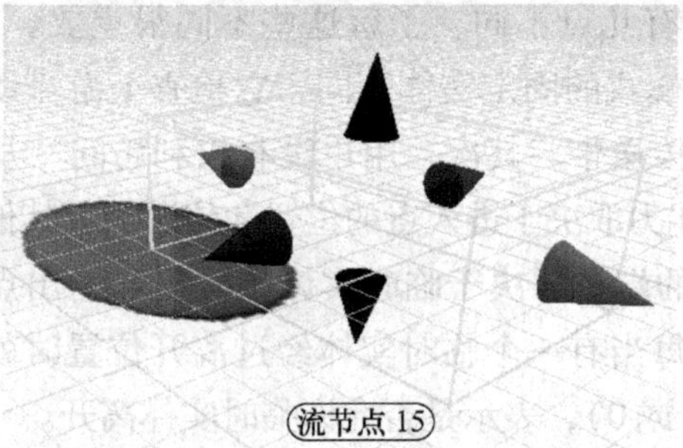

图 8-15　流节点

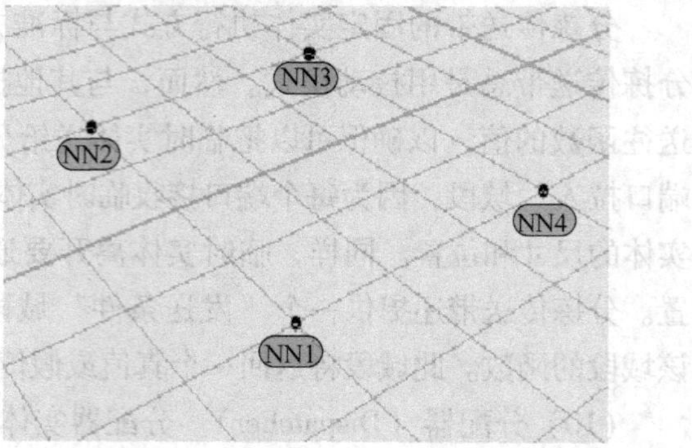

图 8-16　网络节点

通过网络节点的路径属性页可以配置路径连接类型，路径连接类型有如下三种：

1）无连接、允许超车和禁止超车。无连接是指这条路径上不允许有行进物沿着某个方向行进。如果选择无连接，则这条路径将会用红色表示相应的侧边。允许超车是指行进物不会沿着路径聚焦，如果速度不同，只简单地相互超过就可以了。禁止超车是指此路径上的行进物将会聚焦，采用间隔值作为它们之间的缓冲距离。

2）间隔。只适用于禁止超车的路径。这是在一个行进物后边界与另一个行进物前边界之间需要保持的距离。

3）速度限制。这是路径的速度限制。行进物将会用它们自身的最小速度以及路径的限制速度行驶。如果路径是允许超车的连接，则一旦行进物上路就会加速或减速到适当的速度。但如果是禁止超车的连接，则行进物将会立即将其速度改变为合适的速度，而不使用加速或减速。

此外，虚拟距离是用户输入的一个用户定义的路径距离。如果想要设定一个特定的距离来覆盖路径的（在三维模型中的）实际距离，或者，如果距离很大，而不想让另一个网络节点显示在模型中一个相距极远的位置上，则可以使用虚拟距离。如果虚拟距离输入值为0，则会使用路径的实际距离。否则，将使用输入的距离。

（13）记录器（Recorder）　记录器一般用于记录或显示模型中的数据和信息并以图表的形式表现出来，在特殊情况下可以捕捉模型中的信息。记录器实体如图 8-17 所示。使用记录器可以直观地看到模型中的信息和数据，便于进行数据之间的比较。

（14）交通控制器（Traffic Control）　交通控制器用来控制一个交通网络上给定区域的交通。交通控制器实体如图 8-18 所示。连接网络节点与交通控制器可以建立一个交通控制区域。这些网络节点就变成交通控制区域的成员。同一个交通控制器实体中的任意两个网络节点之间的路径都是交通控制路径。行进物只有在获得交通控制器许可的情况下才能到那条路径上去，在时间模式下，这条路径在给定时间只允许一定数目的行进物进入区域，或者使用非时间模式，使行进物立即到给定的路径段上去。

（15）其他实体（The Other Resource）　在 Flexsim 的实体库中，还有其他一些实体，如离散实体、流动实体，因在机械制造过程中应用较少，就不详细介绍了。装卸、搬运和存储实体集如图 8-19 所示。图中货架与堆垛机组合，构成了自动化立体仓库的模型。

图 8-17　记录器

图 8-18　交通控制器

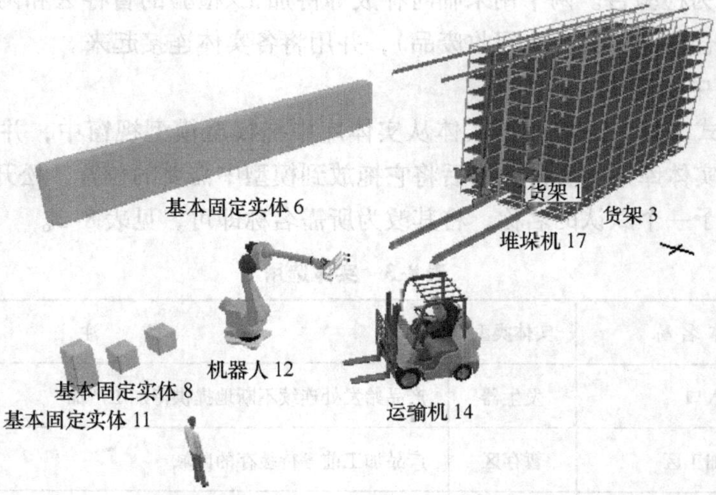

图 8-19　装卸、搬运和存储实体集

8.3　Flexsim 仿真实例

8.3.1　原始数据

1. 单阶段制造系统描述

现在，我们来针对某一多产品单阶段制造系统进行分析与仿真，假设某机加车间需要加工零件 a、b 和 c，分别对应 CNC 机床 A、B 和 C。在加工结束后传递到共用的检验台进行质量检测。如果质量合格，零件就会输出到下一车间；如不合格，则送回相应的机床进行再加工。在仿真的过程中，对加工流程进行仿真分析，给出评价结果。

2. 单阶段制造系统数据

1）产品到达：平均每5s到达一个产品，到达间隔时间服从指数分布。

2）产品加工：固定加工时间为10s。

3）产品检测：固定时间5s。

4）产品合格率：95%。

8.3.2 建立系统概念模型

启动Flexsim 5.0，打开软件的主界面，主界面包括菜单栏、常用工具栏、实体库、三维视角视窗及状态栏等部分。

1. 模型实体设计

在本系统中，需要一个产生三类产品的发生器和四台处理器。在处理器中，三台为加工CNC机床，一台为检验台。两个用来临时存放等待加工/检验的暂存区和两个回收零件的吸收器（一个回收合格品，另一个回收废品），并用将各实体连接起来。

2. 建立模型中的实体

新建一个模式文件，并将所需实体从实体库中拖拽至模型视窗中，并赋予其规定的名称。单击并按住实体库中的实体，然后将它拖放到模型中需要的位置，松开鼠标。生成实体后，实体会被赋予一个默认的名称，将其改为所需名称即可，见表8-3。

表8-3 实体选用

序号	实体名称	实体类型	备注
1	入口	发生器	产品始发处连续不断地提供待加工产品
2	待加工区	暂存区	产品加工前等待缓存的区域
3	机床A、机床B、机床C	处理器	分别对零件a、零件b、零件c进行相应的加工
4	待检验区	暂存区	已加工后的产品等待检验的区域
5	检验台	处理器	对产品是否合格进行检验并做出相应的反应
6	合格品出口	吸收器	产品合格后离开加工车间后去下一车间
7	废品出口	吸收器	产品不合格进入此出口进行销毁

可以通过鼠标的操作实现实体的移动和视角的变换。用鼠标左键点住该实体，可将其移动至需要的位置。通过右键点住实体并移动鼠标可实现旋转。按住鼠标滚轮点住该实体并移动鼠标，可使该实体沿Z轴上下移动。要改变观察点，可用鼠标左键点住要观察的区域，然后拖动鼠标。要旋转模型视角，用右键点住任意空白区域并移动鼠标。滚动鼠标滚轮可放大或缩小视图。实体建模结果如图8-20所示。

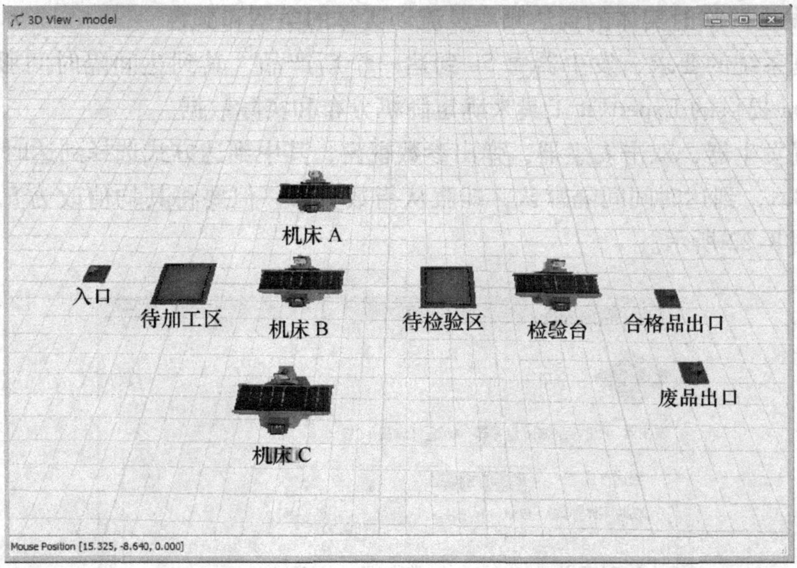

图 8-20　实体建模

3. 连接实体间的端口

根据流动实体的路径来连接不同固定实体的端口。要将一个实体的输出端口与另一个实体的输入端口相连接，首先按住键盘上的“A”键，然后单击第一个实体并按住鼠标左键，拖动鼠标到下一个实体处，此时将会看到一条黄色连接线，而松开鼠标后，黄色连接线变为黑色，如图 8-21 所示。

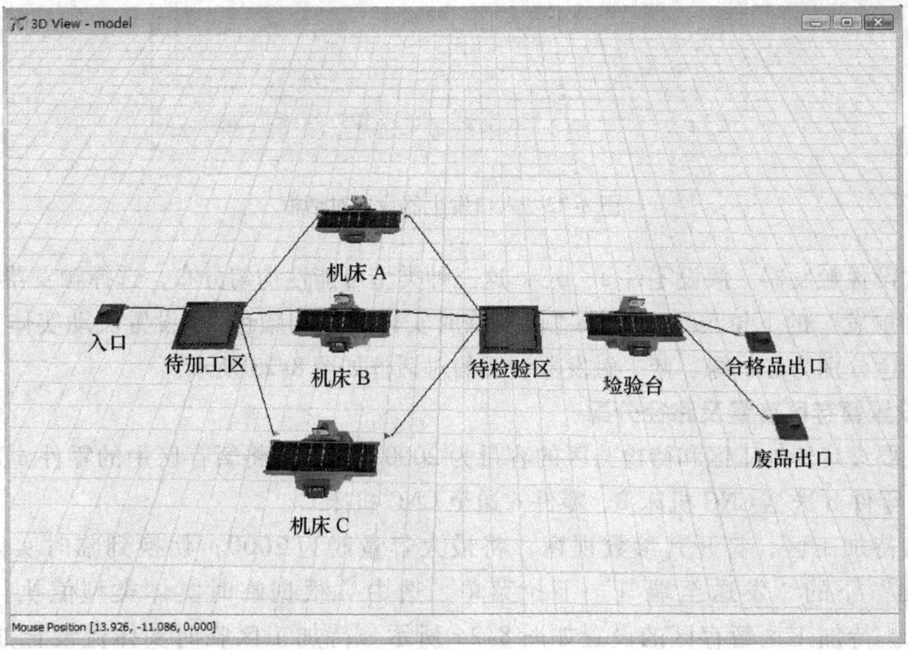

图 8-21　实体间端口连接

4. 指定发生器临时实体的到达频率及流动实体的类型和颜色

根据仿真系统的要求，发生器每5s到达一个新产品，其到达间隔时间服从统计分布。可通过Flexsim提供的ExpertFit工具来确定随机分布和实际数据。

首先设置发生器，双击发生器，弹出参数视窗，其中到达方式选择到达时间间隔，临时实体种类为Box，到达时间间隔默认，即服从指数分布，但要将其均值改为5。发生器设置的对话框如图8-22所示。

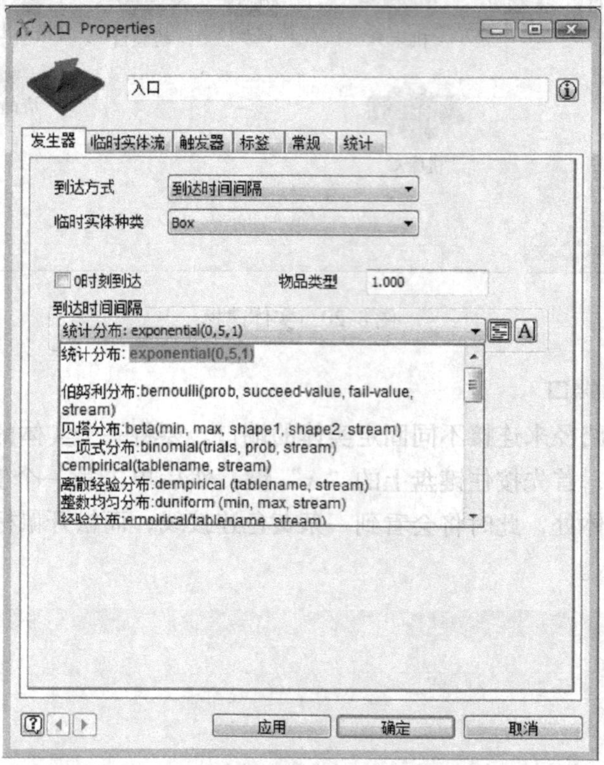

图8-22　入口发生器设置对话框

其次设置触发器。假设零件a、b、c这三种类型可能性均匀分布，选择触发器标签，设置“离开触发”的下拉菜单，选择“设置临时实体类型和颜色”，设置流动实体为三种类型，其颜色分别为红、绿、蓝。触发器设置的对话框如图8-23所示。

5. 设置暂存区容量及路径分配

首先要设定待加工区和待检验区的容量为2000；其次，将暂存区中的零件a送至CNC机床A，零件b送至CNC机床B、零件c送至CNC机床C。

双击待加工区，打开其参数视窗，将最大容量改为2000；切换到临时实体流，选择“输出”下的“发送至端口”下拉菜单，选中“根据临时实体类型值执行不同的Case值”。待加工区暂存区的设置如图8-24所示。待加工区临时实体流设置如图8-25所示。

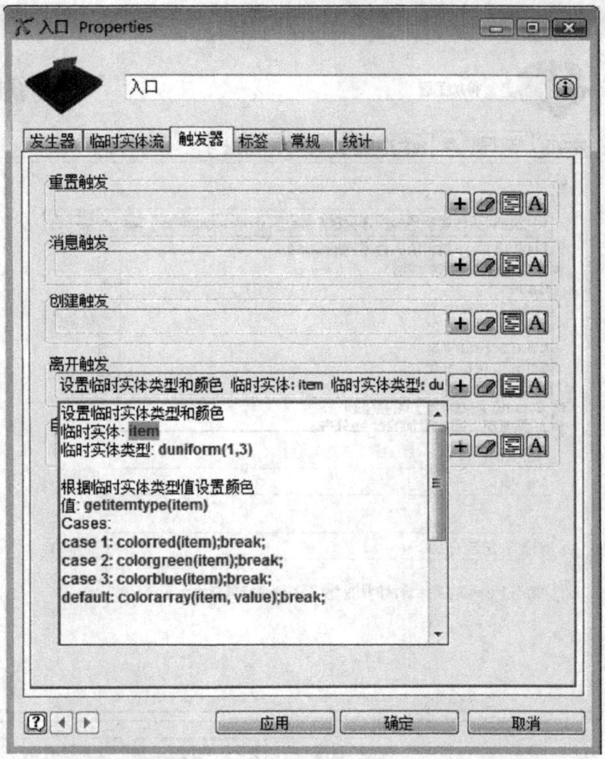

图 8-23　入口触发器设置对话框

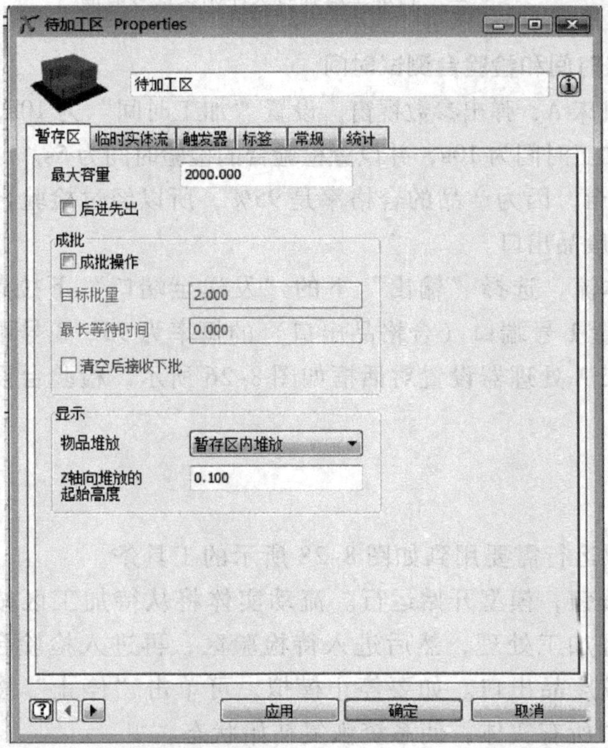

图 8-24　待加工区暂存区设置对话框

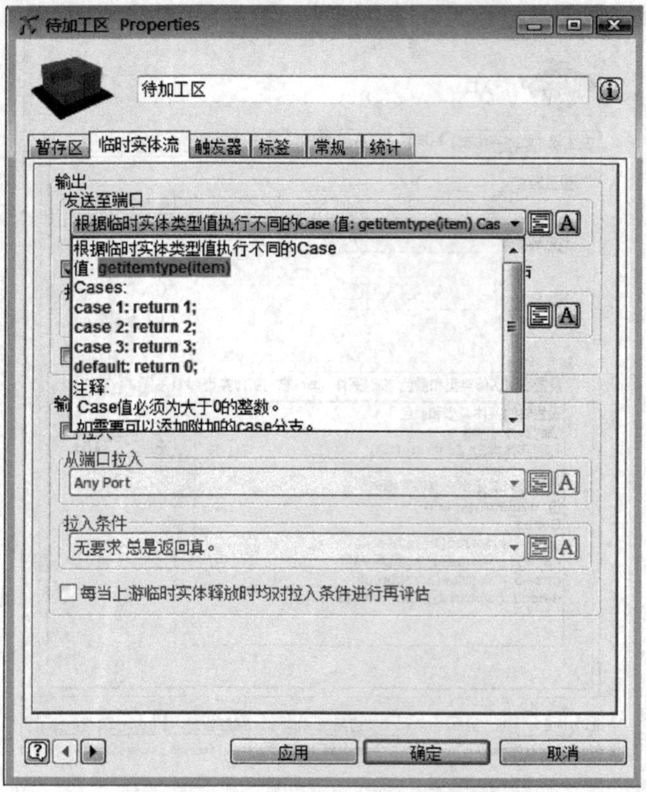

图 8-25 待加工区临时实体流设置对话框

6. 定义机床加工时间和检验台测试时间

首先双击 CNC 机床 A，弹出参数视窗，设置“加工时间”为 10s，同样设置 CNC 机床 B 和 CNC 机床 C 的加工时间为 10s，并设置检验台的检验时间为 5s。

其次，双击检验台，因为产品的合格率是 95%，所以经过检验台的零件有两个出口，分别为合格品出口和废品出口。

切换到临时实体流，选择“输出”下的“发送至端口”下拉菜单，选中“按百分比（输入）”，并设置 1 号端口（合格品出口）的概率为 95，2 号端口（废品出口）的概率为 5。CNC 机床 A 处理器设置对话框如图 8-26 所示，检验台设置对话框如图 8-27 所示。

8.3.3 模型运行

对模型进行模拟运行需要用到如图 8-28 所示的工具条。

单击“运行”按钮，模型开始运行。流动实体将从待加工区按产品的类别不同分别进入相应机床进行加工处理，然后进入待检验区，再进入检验台，依据产品是否合格进入合格品出口或废品出口。如要停止模拟，可单击“停止”按钮。还可通过“重置”按钮清除模型中所有实体，使系统恢复初始状态。

也可通过仿真速度滑动条加快或减慢模型运行速度，但并不影响模型运行的结果。

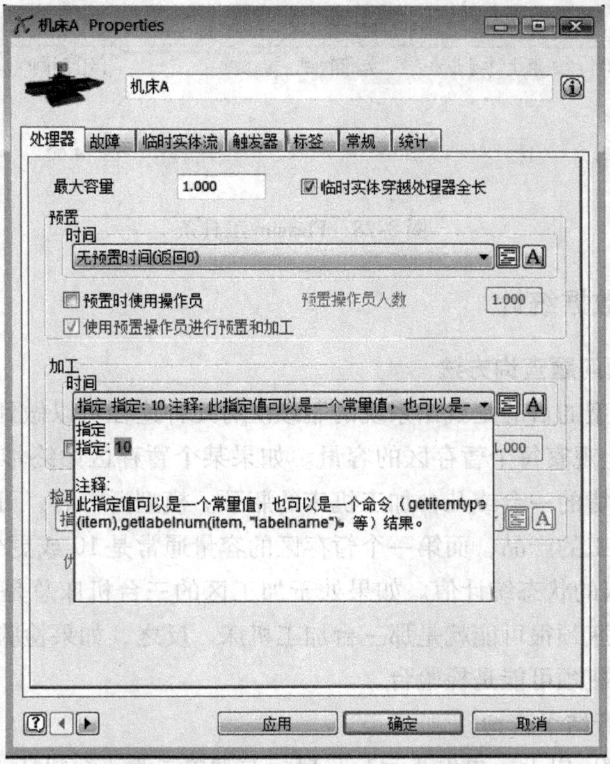

图 8-26　CNC 机床 A 处理器设置对话框

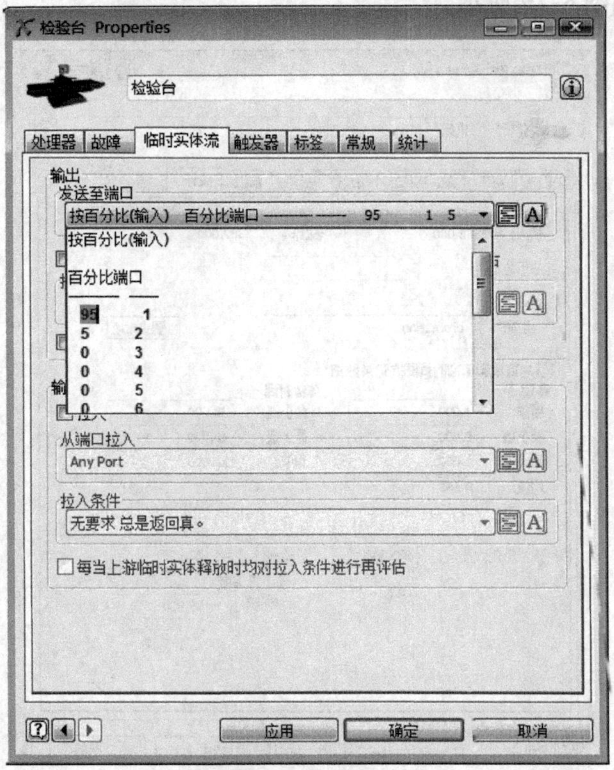

图 8-27　检验台设置对话框

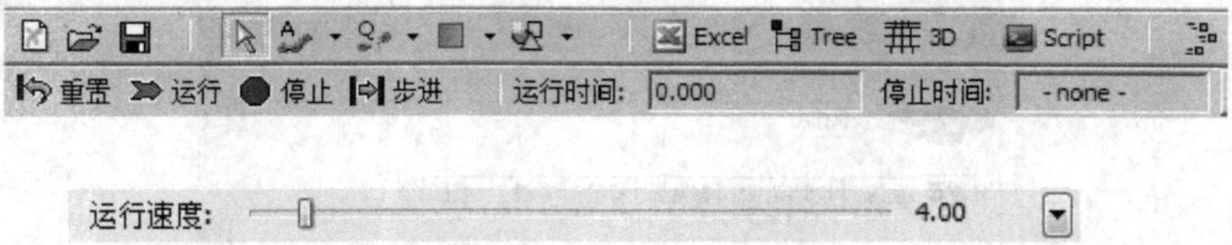

图 8-28 Flexsim 工具条

8.3.4 运行结果数据统计

1. 制造过程瓶颈问题查询方法

运行制造系统模型的目的是找出系统的瓶颈。有几种途径可以做到这点：

1）可以从视觉上观察每个暂存区的容量。如果某个暂存区始终堆积着大量的零件，这就表明从该暂存区取货的一台或几台加工机床的瓶颈。模型运行时，可以注意到第二个暂存区经常堆积很多待加工的产品，而第一个暂存区的容量通常是 10 或更少。

2）查看每台机床的状态统计值。如果处于加工区的三台机床总是处于繁忙状态，而检验台常常空闲，那么瓶颈很可能就是那三台加工机床。反之，如果检验台总是很忙，而加工机床总是空闲，那么瓶颈可能是检验台。

2. CNC 机床运行结果查询

运行此模型 50000s 以上，再停止运行，鼠标右键单击第一台机床 A 并选择其属性选项，打开其属性视窗，如图 8-29 所示。

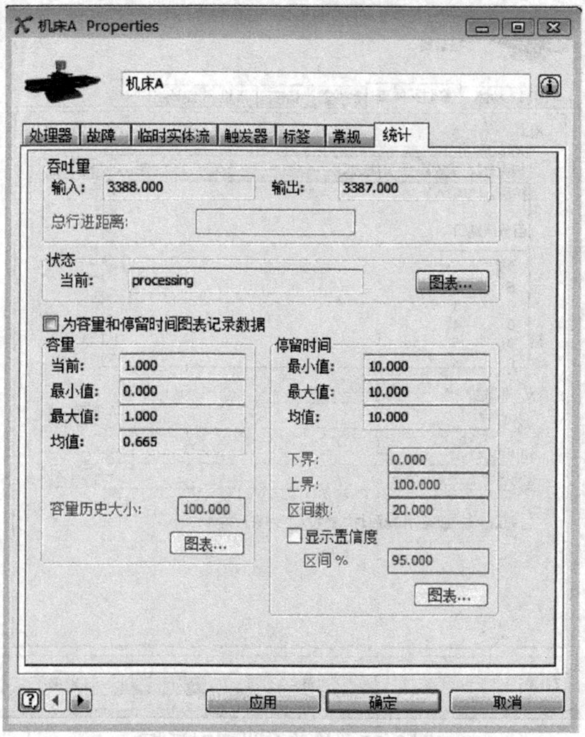

图 8-29 CNC 机床 A “统计” 对话框

选择“统计”页，显示出 CNC 机床 A 的吞吐量、状态、容量和停留时间等统计量，如图 8-30 所示。

选择“图表...”选项后，将出现一个饼形统计图，如图 8-30 所示。这张图显示了 CNC 机床 A 不同状态的时间比例。它说明 CNC 机床 A 空闲的时间占总仿真时间的 33.5%，而加工时间占 66.5%。关闭这一视窗，再去察看 CNC 机床 B 和 CNC 机床 C 的统计信息，分别如图 8-31 和图 8-32 所示。

结果是：CNC 机床 B 的空闲时间占 33.7%，CNC 机床 C 的空闲时间占 32.4%。

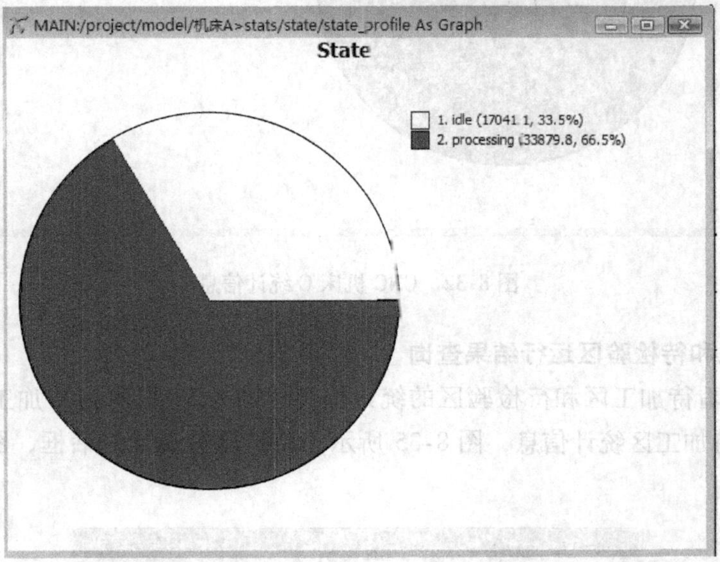

图 8-30　CNC 机床 A 统计信息

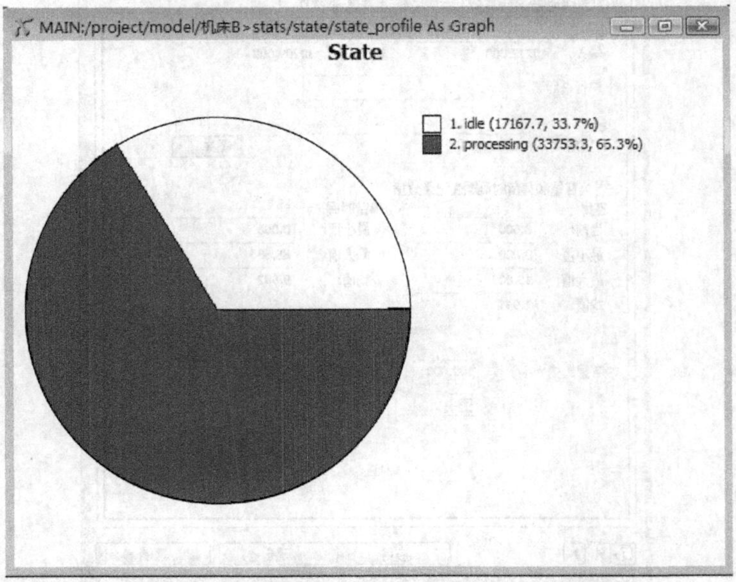

图 8-31　CNC 机床 B 统计信息

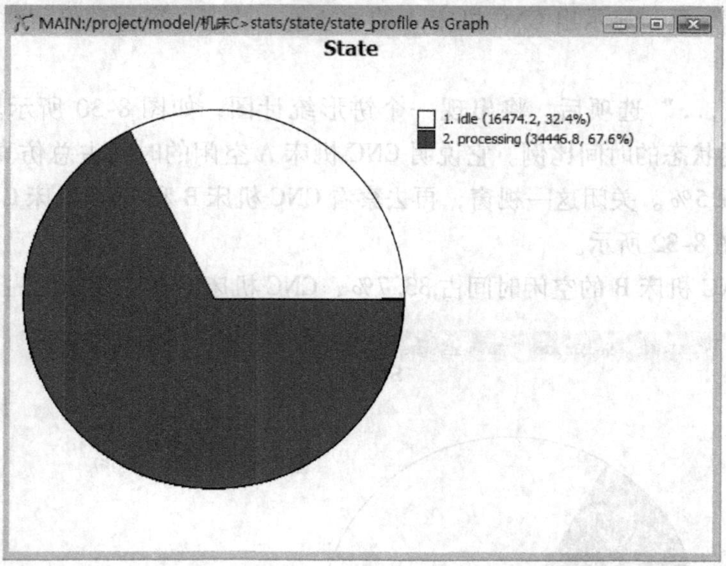

图 8-32 CNC 机床 C 统计信息

3. 待加工区和待检验区运行结果查询

同理，可察看待加工区和待检验区的统计信息。图 8-33 所示为待加工区统计对话框，图 8-34 所示为待加工区统计信息，图 8-35 所示为待检验区统计对话框，图 8-36 所示为待检验区统计信息。

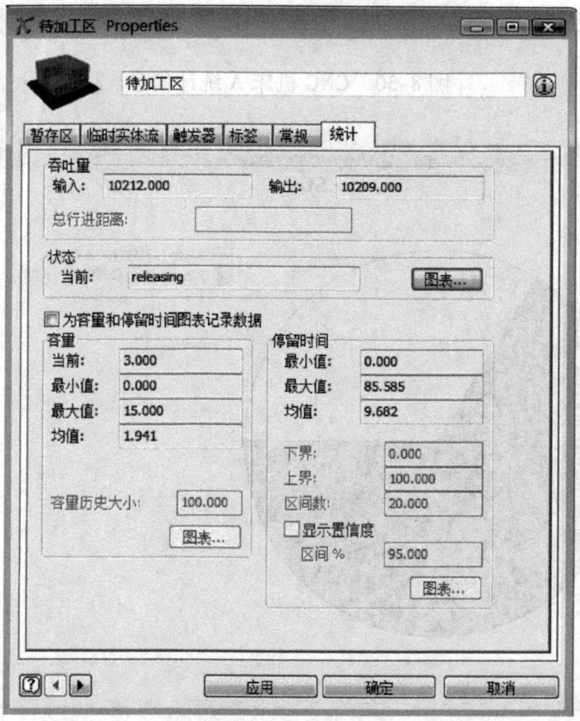

图 8-33 待加工区统计对话框

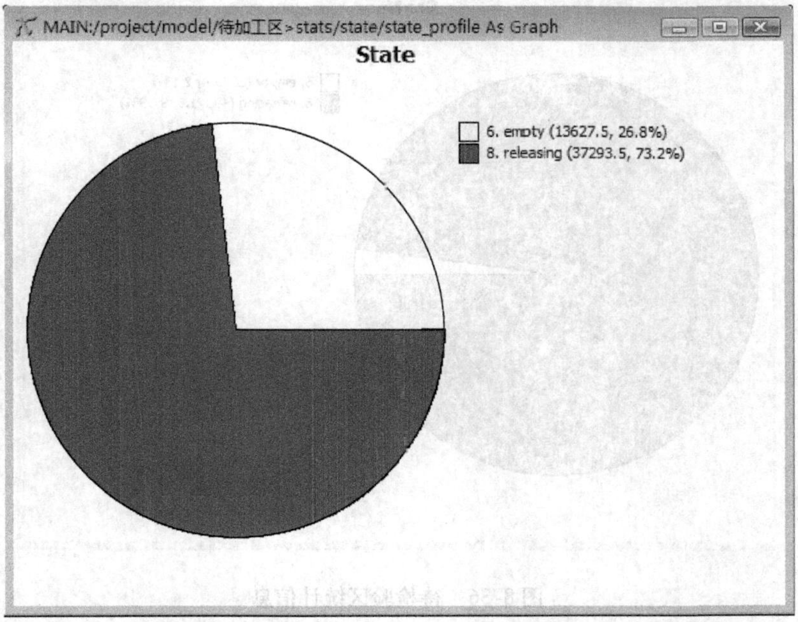

图 8-34　待加工区统计信息

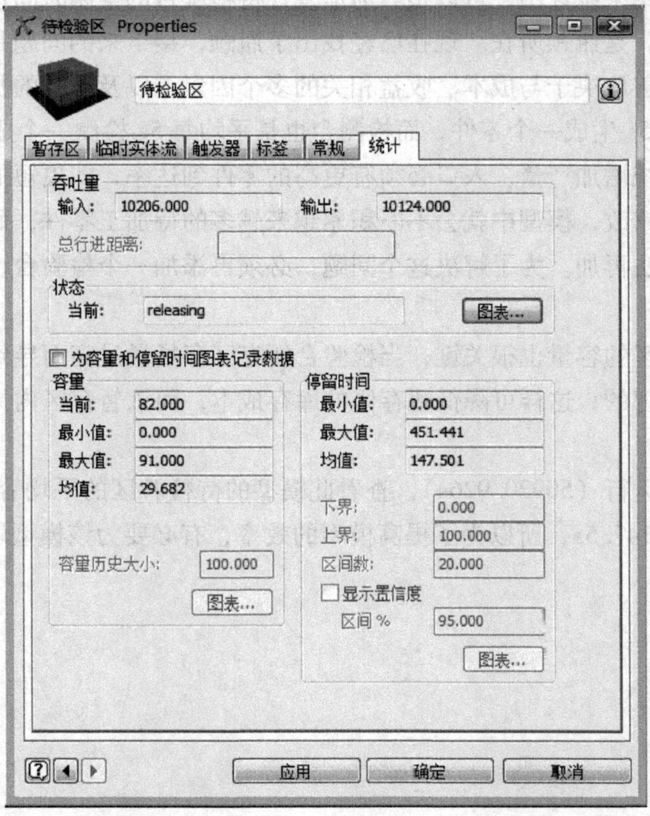

图 8-35　待检验区统计对话框

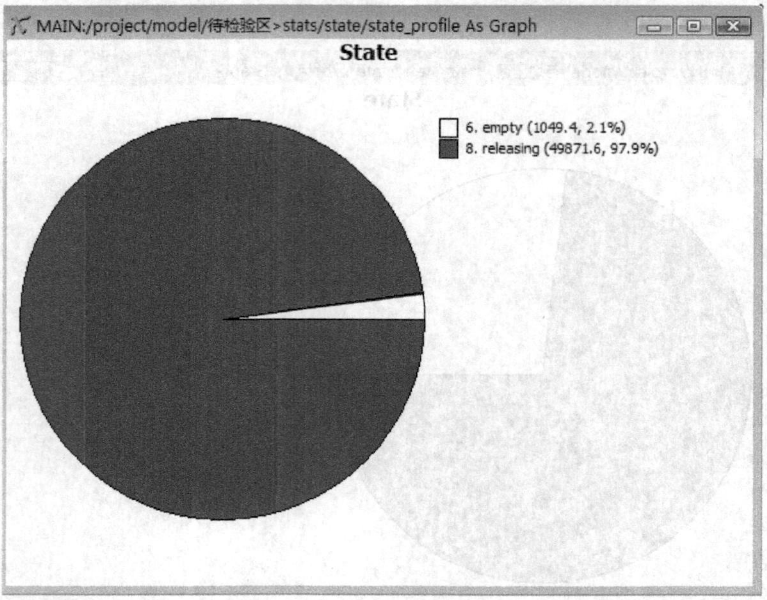

图 8-36 待检验区统计信息

4. 仿真结论

通过以上运行结果统计图，可以很容易地发现待检验台的空闲时间仅为2.1%，说明此处的作业十分繁忙，是瓶颈所在。现在已经找出了瓶颈，接下来的问题是如何改善。

制造系统的改善取决于与成本、收益相关的多个因素，以及车间的长期规划目标。在这个模型中，入口每5s生成一个零件，而检测台也是平均每5s检测一个成品并将其输出。企业若想使该制造系统增加产量，入口必须有更高的零件到达率，即更短的到达间隔时间。如果不对检验台进行修改，模型中就会不断积累越来越多的待加工零件，而暂存区的容量也会不断增加，直到无法再加。为了解决这个问题，必须再添加一个检验台，因为检验台是整个系统的瓶颈所在。

检验台处暂存区的容量也很关键，当检验台暂存区存货量过高而导致过高成本时，添加一个检验台是很明智的，这样可降低暂存区的库存成本，而该暂存区内待检验产品的等待时间也不会过长。

通过长时间的运行（50920.926s），查看此模型的待检验区的平均容量达到近30，而平均停留时间也达到147.5s，所以为了提高模型的效率，有必要为该模型增加一个检验台。

附　　录

附录 A FANUC 0i-TB 数控系统常用 G 指令

G 代码	组别	功　能	附注	G 代码	组别	功　能	附注
G00	01	快速定位	M	G54	14	选择工件坐标系 1	M
G01		直线插补		G55		选择工件坐标系 2	
G02		顺时针直线插补		G56		选择工件坐标系 3	
G03		逆时针直线插补		G57		选择工件坐标系 4	
G04	00	暂停	S	G58		选择工件坐标系 5	
G10		可编程数据输入	M	G59		选择工件坐标系 6	
G11		可编程数据输入取消		G65	00	调用宏程序	S
G20	06	英制输入		G66	12	模态调用宏程序	M
G21		米制输入		G67		模态调用宏程序取消	
G22	09	允许进入机床设定范围		G70	00	精车循环	S
G23		不允许进入机床设定范围		G71		外径、内径粗车循环	
G27	00	参考点返回检查	S	G72		端面粗车循环	
G28		返回参考点		G73		车削复合循环	
G30		返回到第 2、3、4 参考点		G74		端面断续加工循环	
G31		跳转功能		G75		外径、内径断续加工循环	
G32	01	螺纹切削	M	G76		螺纹切削复合循环	
G34		可变导程螺纹切削		G90	01	外圆、内径切削单循环	M
G40	07	刀具半径补偿取消		G92		螺纹切削单循环	
G41		刀具半径左补偿		G94		端面切削单循环	
G42		刀具半径右补偿		G96	02	主轴恒线速度设置	
G50	00	坐标系或最大主轴转速设定	S	G97		主轴恒线速度设置取消	
G52		设定局部坐标系		G98	05	每分钟进给	
G53		选择机床坐标系		G99		每转进给	

附录B　FANUC 0i-MB 数控系统常用 G 指令

G代码	组别	功　能	附注	G代码	组别	功　能	附注
G00	01	快速定位	M	G52	00	设定局部坐标系	S
G01		直线插补		G53		选择机床坐标系	
G02		顺时针圆弧插补		G54	14	选择工件坐标系 1	M
G03		逆时针圆弧插补		G55		选择工件坐标系 2	
G04	00	暂停	S	G56		选择工件坐标系 3	
G09		准确停止		G57		选择工件坐标系 4	
G10		数据设置		G58		选择工件坐标系 5	
G11		数据设置取消		G59		选择工件坐标系 6	
G15		极坐标取消	M	G61	15	准确停止检验方式	
G16		极坐标设定		G64		切削进给方式	
G17	02	*XY* 平面选择		G65	00	调用宏程序	S
G18		*ZX* 平面选择		G66	12	模态调用宏程序	M
G19		*YZ* 平面选择		G67		模态调用宏程序取消	
G20	06	英制		G68	16	坐标系旋转方式建立	
G21		米制		G69		坐标系旋转方式取消	
G22	04	行程检查功能打开		G73	09	高速深孔钻孔循环	
G23		行程检查功能关闭		G74		攻左旋螺纹循环	
G25	08	主轴速度波动检查关闭		G75		精镗循环	
G26		主轴速度波动检查打开		G80		钻孔固定循环取消	
G27	00	参考点返回检查	S	G81		钻孔循环	
G28		参考点返回		G84		攻右旋螺纹循环	
G31		跳转功能		G85		镗孔循环	
G40	07	刀具半径补偿取消	M	G87		背镗循环	
G41		刀具半径左补偿		G89		镗孔循环	
G42		刀具半径右补偿		G90	03	绝对坐标编程	
G43	08	刀具长度正补偿		G91		增量坐标编程	
G44		刀具长度负补偿		G92		工件坐标原点设置	
G49		刀具长度补偿取消		G98	05	固定循环中返回初始点	
G50	00	坐标系或最大主轴转速设定	S	G99		固定循环中返回 *R* 点	

附录 C FANUC 0i 数控系统常用 M 指令

M 代码	辅助功能	M 代码	辅助功能
M00	停止程序运行	M09	切削液关
M01	选择性停止	M12	*X* 轴镜像
M02	结束程序运行	M13	*Y* 轴镜像
M03	主轴正转	M19	主轴定向
M04	主轴反转	M30	主程序结束
M05	主轴停转	M32	*X* 轴镜像取消
M06	换刀指令	M33	*Y* 轴镜像取消
M07	切削液开（外冷）	M98	调用子程序
M08	切削液开（内冷）	M99	子程序结束

参考文献

[1] 沈向东．生产作业技术［M］．北京：机械工业出版社，2009.
[2] 罗振壁，朱耀祥．现代制造系统［M］．北京：机械工业出版社．2000.
[3] 沈向东．生产组织与控制［M］．北京：机械工业出版社，2011.
[4] 张树武，孙义敏，皇甫刚．基础工业工程［M］．北京：机械工业出版社，2000.
[5] 郭伏，扬学涵．人因工程学［M］．沈阳：东北大学出版社，2006.
[6] 李锦飞，马汉武，陈纪南．生产管理与调度［M］．北京：化学工业出版社，2005.
[7] 田凤权，沈向东．物流管理案例分析［M］．北京：电子工业出版社，2010．
[8] 陶谦坎，汪应洛．运筹学与系统分析［M］．北京：机械工业出版社，2000.
[9] 陈锡璞．工程经济［M］．北京：机械工业出版社，2000.
[10] 蒋贵善，俞明南．生产管理与质量工程［M］．北京：机械工业出版社，2000.
[11] 王家善，吴清一，周佳平．设施规划与设计［M］．北京：机械工业出版社，2001.
[12] 岳华新．全面可视化管理［M］．深圳：海天出版社，2005.
[13] 王绍印．全面降低成本实践［M］．广州：广东经济出版社，2005.
[14] 刘昌祺，董良．自动化立体仓库设计［M］．北京：机械工业出版社，2004.
[15] 王茂元．机械制造技术［M］．北京：机械工业出版社，2000.
[16] 冉斌．工作饱和度管理［M］．北京：中国经济出版社，2005.
[17] 蒋祖华，奚立峰．工业工程典型案例分析［M］．北京：清华大学出版社，2005.
[18] 程光，邬洪迈，陈永刚．工业工程与系统仿真［M］．北京：冶金工业出版社，2007.
[19] 许香穗，蔡建国．成组技术［M］．北京：机械工业出版社，2005.
[20] 夏暎．现代生产管理［M］．北京：机械工业出版社，2007.
[21] 蔡章生．知识经济与科技创新［M］．北京：国防工业出版社，2008.
[22] 甘华鸣，徐海忠．生产作业管理操作规范［M］．北京：企业管理出版社，2004.
[23] 孙选中．企业概论［M］．北京：中国财政经济出版社，2007.
[24] 孙勇，张耀军，周翠玲．建筑构造与表达［M］．北京：化学工业出版社，2006.
[25] 丁加军，盛靖琪．自动机与自动线［M］．北京：机械工业出版社，2005.
[26] 施玉飞．FANUC 数控系统编程指令详解及综合实例［M］，北京：化学工业出版社，2008.
[27] 韩鸿鸾．数控机床应用基础［M］．济南：山东科学出版社，2008.
[28] 顾拥军，顾海．数控加工与编程［M］．北京：国防工业出版社，2010.
[29] 赵长明．数控加工中心加工工艺与技巧［M］．北京：化学工业出版社，2009.